JN081748

いきなり プログラミング

As soon as you open this book,
you will be an app developer!

Android
アプリ開発

Sara 著

SHOEISHA

本書内容に関するお問い合わせについて

このたびは翔泳社の書籍をお買い上げいただき、誠にありがとうございます。弊社では、読者の皆様からのお問い合わせに適切に対応させていただくため、以下のガイドラインへのご協力をお願い致しております。下記項目をお読みいただき、手順に従ってお問い合わせください。

●ご質問される前に

弊社Webサイトの「正誤表」をご参照ください。これまでに判明した正誤や追加情報を掲載しています。

正誤表　　　　https://www.shoeisha.co.jp/book/errata/

●ご質問方法

弊社Webサイトの「書籍に関するお問い合わせ」をご利用ください。

書籍に関するお問い合わせ　https://www.shoeisha.co.jp/book/qa/

インターネットをご利用でない場合は、FAXまたは郵便にて、下記"翔泳社 愛読者サービスセンター"までお問い合わせください。
電話でのご質問は、お受けしておりません。

●回答について

回答は、ご質問いただいた手段によってご返事申し上げます。ご質問の内容によっては、回答に数日ないしはそれ以上の期間を要する場合があります。

●ご質問に際してのご注意

本書の対象を超えるもの、記述個所を特定されないもの、また読者固有の環境に起因するご質問等にはお答えできませんので、予めご了承ください。

●郵便物送付先およびFAX番号

送付先住所　　　〒160-0006　東京都新宿区舟町5
FAX番号　　　　03-5362-3818
宛先　　　　　　（株）翔泳社 愛読者サービスセンター

はじめに

　あなたがこの本を手にしているということは「アプリを作ってみたい！」「プログラミングを始めてみたい！」「プログラミングにもう一度挑戦したい！」といった思いがあってのことかと思います。プログラミングはゲームやパズルのように楽しいものですが、挫折してしまうポイントもたくさんあります。そんな挫折ポイントを少しでも避けられるように、本書では「コードを書く」→「アプリを動かす」を繰り返しながら、アプリ開発を進めていきます。「**できる限りシンプルなコードで、手順通りに進めれば完成できること**」を重視しているので、自分が書いたコードが動く楽しさを実感できるはずです。また全部で6つのアプリを開発するので、アプリ開発の経験がある方も何か新しいアイディアを見つけてもらえると思います。

　ただし、本書は「初心者の方でもいきなりアプリ開発ができること」をテーマにしているので、Kotlin文法や難しいコードの解説は割愛しています。Kotlinやアプリ開発について詳しく学びたい方は、他の書籍なども併せてご利用ください。

　また開発環境やプログラミング言語は常にアップデートされているので、本書に載せている画像やコードも執筆時点のものと変わっているかもしれません。最新情報や補足説明などは著者のウェブサイト（https://codeforfun.jp/book/）にてお知らせします。

　一人一台スマートフォンを持っている時代です。アプリ開発の知識があれば、自分や家族の生活をちょっと便利にするアプリや、世界中の人に役立つアプリを届けられるかもしれません。本書をきっかけに「アプリ開発って楽しい！もっとプログラミングを勉強してみたい！」と思っていただければ嬉しい限りです。

Code for Fun
Sara

■ 本書の読み方

◎ コード

　赤字のコードが「追加」や「修正」を行うコードです。紙面の都合上、コードの途中で改行を挟む部分には ⏎ を掲載しています。

Code **1-3-2** MainActivity.kt

```
6   class MainActivity : AppCompatActivity() {
7       override fun onCreate(savedInstanceState: Bundle?) {
8           super.onCreate(savedInstanceState)
9           setContentView(R.layout.activity_main)
10
11          val messageView: TextView = findViewById(R.id.messageView)
12          val flowerImage: ImageView = findViewById(R.id.flowerImage)
13          val waterBtn: Button = findViewById(R.id.waterBtn)
14          val resetBtn: Button = findViewById(R.id.resetBtn)
15      }
16  }
```

◎ チェックポイント

　操作につまずきやすい部分では、チェックポイントを用意しています。

Check Point

インストールが失敗／中断しちゃった！

インストールがどうしてもうまくいかない場合は、次の操作をしてみましょう。
① インストールをキャンセル（画面が固まってしまったら強制終了）
② Android Studio をアンインストールまたは削除
③ インターネットに接続していることを確認して、再インストール

◎ワンポイント解説

　解説の途中で登場する「用語」や「技術」については、ワンポイント解説を掲載しています。詳しく知りたい人は、ぜひ解説を読んでみてください。

「属性」って何？

　属性とは**レイアウトやビューの位置、大きさ、名前などの設定を書くためのもの**です。属性名 =" 値 " のように属性名と値をセットで書きます。最初に用意した strings.xml の文字列にも name 属性を付けてそれぞれの文字列を区別できるようにしていました。

● 属性名と値

```
1    <string name="message"> 水をあげましょう </string>
```

　　　　　　　属性名　　値

◎ **キャラクターヒント**

　解説の途中では、キャラクターたちがアドバイスをしてくれます。

楽しいアプリ作りのはじまりだ！

僕たちといっしょにアプリを作っていこう！

■ 本書の流れ

本書は各章につき、1つのアプリを作ることができます。

序盤の、第1章～第2章は、基本的な操作を覚えるために、アプリをはじめから作っていきます。

第3章からは、あらかじめ細かな初期設定を済ませた「**下ごしらえ済みのアプリのプログラム**」をダウンロードして、開発を進めていきます。ダウンロードのしかたは、このあと説明します。

■ ダウンロードファイルについて

本書のダウンロードファイルは下の URL から、翔泳社のサイトにアクセスしてダウンロードできます。アクセスしたページでリンクをクリックすると、Zip ファイルがダウンロードできるので、ご自身のパソコンで解凍して使用してください。

🌐 https://www.shoeisha.co.jp/book/download/9784798178998

Zip ファイルを開くと、章ごとのフォルダが用意されています（第1章のフォルダは「ch01」フォルダ、第2章のフォルダは「ch02」フォルダです）。各章のフォルダには、作業のお手本となる完成形のプログラム一式が、「**complete**」フォルダに入っています。

「ch01」と「ch02」フォルダには、アプリに使用する画像が入った「**picture**」フォルダが用意されています。本編の指示に従って、中身の画像を使用してください。

「ch03」～「ch06」フォルダには、初期設定などの「下ごしらえ」をあらかじめ済ませた、アプリのプログラム一式が「**work**」フォルダの中に入っています。第3章からは、「work」フォルダに入っているプログラムを、自分の環境にコピーして作業を進めてください（コピーの手順は、第3章の冒頭で解説します）。

いろいろな設定を終わらせておいたぞ！

すぐにアプリ開発に取り掛かれるね！

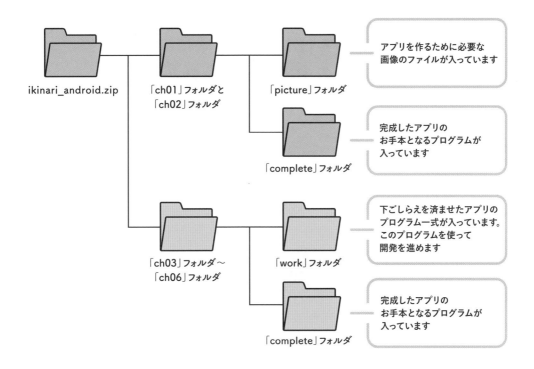

ikinari_android.zip

「ch01」フォルダと
「ch02」フォルダ

「picture」フォルダ
アプリを作るために必要な
画像のファイルが入っています

「complete」フォルダ
完成したアプリの
お手本となるプログラムが
入っています

「ch03」フォルダ〜
「ch06」フォルダ

「work」フォルダ
下ごしらえを済ませたアプリの
プログラム一式が入っています。
このプログラムを使って
開発を進めます

「complete」フォルダ
完成したアプリの
お手本となるプログラムが
入っています

■本書の動作環境について

　パソコンは Windows と Mac のどちらでも利用できます。公式サイトでは、RAM（メモリ）とストレージ（容量）はどちらも最低でも 8GB が必要とされていますが、Windows の場合はメモリは 16GB 以上のものを選ぶのがおすすめです。また、本書に掲載しているサンプルプログラムは、下記の環境で動作確認を行っています。

・Windows 11（64bit）
・macOS Ventura 13.4.1
・Android Studio Giraffe

Contents

Chapter

0

さあ開発をはじめよう！
パソコンの中でスマホを動かそう

Chapter

2

感動的な画像を作ろう！
エモーショナル写真集

Chapter 3

高速 「寿限無」 言えるかな？
早口言葉の達人

Chapter 4

「膃肭臍」 何と読む？
いつでもどこでも難読漢字

Chapter

5

「好き」よ、世界に届け！
マイ推し図鑑

Chapter

6

ボタンを押すだけ 5 秒で書ける！
ぜったい挫折しない日記帳

Chapter

0

さあ開発をはじめよう！
パソコンの中でスマホを動かそう

Chapter 0

さあ開発をはじめよう！

この章では何をする？

この章では、まずはじめにアプリを作るための環境、
いわばアプリの「開発室」を皆さんのパソコンに用意します。
パソコンの画面の中に、アプリを動かすためのスマホを表示してみましょう！

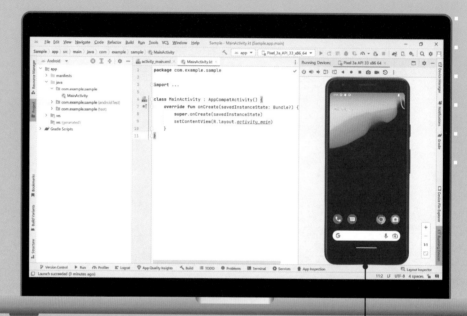

Check!

仮想スマホを表示する

パソコンの中でスマホアプリの動作確認を行うことができます。

Roadmap
ロードマップ

SECTION 0-1 Android Studioの準備をしよう
> P004

必要なソフトをインストール
するぞ！

SECTION 0-2 はじめてのプロジェクトを作成しよう
> P012

必須知識の「プロジェクト」
について知ろう！

SECTION 0-3 パソコン上でスマホを動かしてみよう
> P016

パソコンの中にスマホが…
ってホント！？

SECTION 0-4 アプリ開発をはじめる最終準備をしよう
> P024

アプリ開発者になるための
最終確認だ！

FIN

Point
── この章で学ぶこと ──

☑ Androidアプリは「Android Studio」というソフトを使って開発する！

☑ アプリは「プロジェクト」という単位で作っていく！

☑ エミュレータという機能を使ってアプリの動作を確かめられる！

Go next page! →

Android Studioの準備を しよう

0-1-1　Android Studioをダウンロードしよう

　まずは、アプリ開発に必要な「すべて」が揃っている「**Android Studio （アンドロイドスタジオ）**」という無料のソフトウェアを用意しましょう。 執筆時点（2023 年 8 月）では最新バージョン「**Android Studio Giraffe**」 をダウンロードできます。

　下の URL から Android Studio の公式サイトにアクセスし、図 0-1-1 の 赤い枠で示したボタンをクリックします。

🌐 https://developer.android.com/studio/

> URLを打ち間違 えないようにし ないとね

図 0-1-1　ダウンロードページ

developers	Essentials ▾　Develop　もっと見る ▾	🔍 Search	🌐 日本語 ▾　Android Studio　ログイン

ANDROID STUDIO

Download　　Android Studio editor　　Android Gradle Plugin　　SDK tools　　Preview

Android Studio

Get the official Integrated Development Environment (IDE) for Android app development.

[Download Android Studio Giraffe ⬇]

Read release notes 📋

> このボタンをクリック！

利用規約のポップアップが表示されるので下にスクロールし、「**I have read and~**」にチェックを入れます。ダウンロードのボタンをクリックすると、Android Studio がダウンロードされます。

図 0-1-2　利用規約を確認しよう

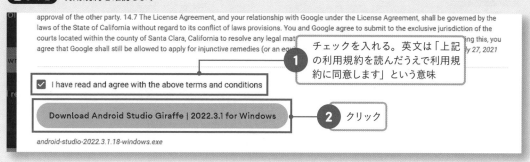

0-1-2　Android Studioをインストールしよう

ダウンロードが済んだら、ダウンロードしたファイルを実行します。

図 0-1-3　ダウンロードフォルダ

図 0-1-4　インストールの手順①

図 0-1-4 のようなセットアップ画面が表示されたら［**Next**］をクリックします。

Android Studioを使うときはインターネットに接続しておこう

図 0-1-5 インストールの手順②

「**Android Virtual Device**」にチェックが入っていることを確認して［**Next**］をクリックします。

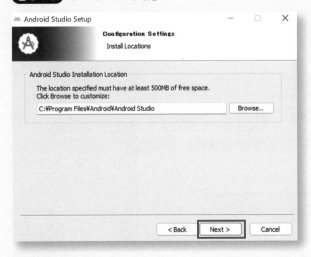

図 0-1-6 インストールの手順③

インストール先の場所（フォルダ）を確認して［**Next**］をクリックします。本書ではそのままの設定で進めます。

設定を間違えたら［Back］で戻れるぞ

図 0-1-7 インストールの手順④

スタートメニューでの表示名を決めます。本書では変更せずに［**Install**］をクリックします。

図 0-1-8 インストールの手順⑤

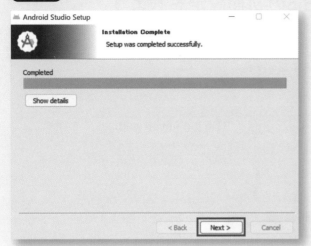

インストールがはじまります。インストールには1~2分の時間がかかります。終わったら［**Next**］をクリックします。

図 0-1-9 インストールの手順⑥

［Finish］を選択したあと、初期設定画面が開くようになる

「**Start Android Studio**」にチェックが入っていることを確認して［**Finish**］をクリックします。すると、Android Studioの初期設定画面が開きます。

ここではWindowsでのインストール方法を紹介しました。Macを使っている方は下のURLから操作方法を確認してください。

🌐 https://codeforfun.jp/book/

え！
まだ初期設定が
あるの？

最初に済ませて
おけば、あとが
楽ちんだからが
んばれ！

0-1-3 Android Studioの初期設定をしよう

　ここからは Android Studio の初期設定を進めていきます。Android Studio を使えるようになるまであと少しなので、ここはサクッと進めていきましょう！

図 0-1-10 初期設定をはじめる

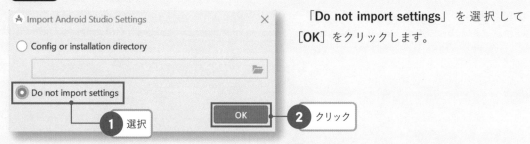

「**Do not import settings**」を選択して［**OK**］をクリックします。

図 0-1-11 初期設定をしよう①

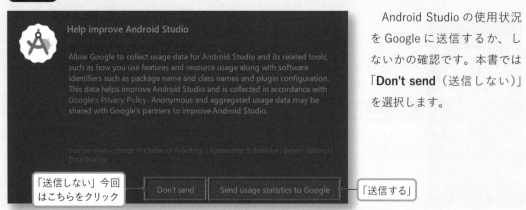

Android Studio の使用状況を Google に送信するか、しないかの確認です。本書では「**Don't send**（送信しない）」を選択します。

図 0-1-12 初期設定をしよう②

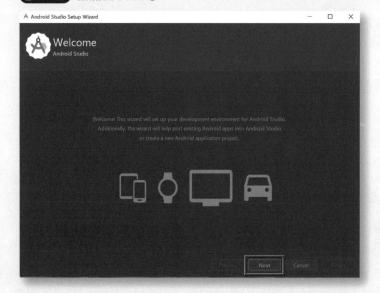

［**Next**］をクリックして進みます。

いくつか画面が続くけど、ひとまず指示にしたがって進めてくれ！

図 0-1-13 初期設定をしよう③

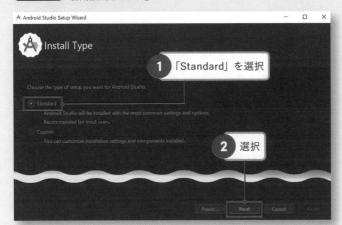

セットアップ方法の選択です。「**Standard**」を選択して［**Next**］をクリックします。

図 0-1-14 初期設定をしよう④

見た目のテーマを選びます。本書では「**Light**」を選択します。テーマを選んだら［**Next**］をクリックします。

黒のテーマもかっこいいね

図 0-1-15 初期設定をしよう⑤

［**Next**］をクリックします。

図 0-1-16 初期設定をしよう⑥

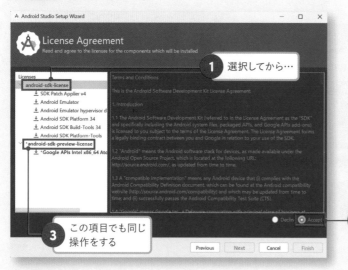

利用規約に同意します。左側の「**android-sdk-license**」を選択してから、右下の「**Accept**」にチェックをします。「**android-sdk-preview-license**」も選択して、同じ操作を行います。また「**intel-android-extra-license**」という項目が表示されている場合も、同じ操作を行ってください。

図 0-1-17 初期設定をしよう⑦

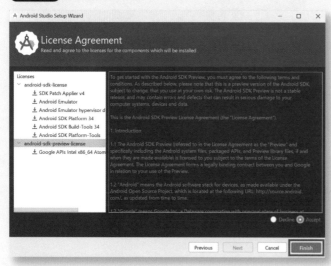

最後に［**Finish**］を選択すると、インストールがはじまります。3〜5分くらいの時間がかかります。もしも、「このアプリがデバイスに変更を加えることを許可しますか？」という表示が出たら、「はい」を選択してください。

図 0-1-18 初期設定が完了！

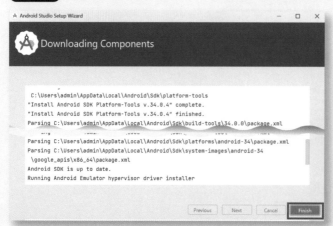

インストールが終わったら［**Finish**］を押します。

そろそろ準備完了かな？

図 0-1-19 スタート画面が表示される

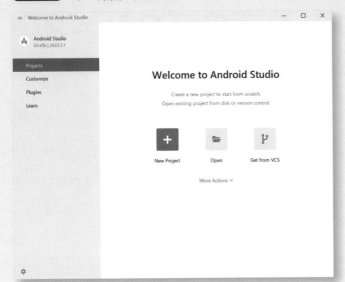

Android Studio のスタート画面
が表示されたら完了です。

おつかれさまだ
ぞ！

Check Point

インストールが失敗／中断しちゃった！

インストールがどうしてもうまくいかない場合は、次の操作をしてみましょう。

①インストールをキャンセル（画面が固まってしまったら強制終了）

② Android Studio をアンインストールまたは削除

③インターネットに接続していることを確認して、再インストール

0-2 はじめてのプロジェクトを作成しよう

Android Studio でアプリを開発するには、まず「**プロジェクト**」を作成します。このプロジェクトの中にアプリに必要なコードや画像、アイコンなど、すべてのファイルが含まれます。**1つのプロジェクトで1つのアプリを作る**というイメージです。

図 0-2-1 プロジェクトの作成を開始する

「New Project」をクリック

さっそく新しいプロジェクトを作成してみましょう。Android Studio のスタート画面にある［**New Project**］をクリックします。

プロジェクトって何かわくわくするなあ～

0-2-1 どんなアプリを作るのか決めよう

まずは「どんなアプリを作るのか」を決めます。いろいろな種類がありますが、今回は「**Empty Views Activity**」を選択して［**Next**］をクリックします。Empty は「空っぽ」という意味で、ゼロから自分でアプリ画面を作っていくためのものです。

図 0-2-2 アプリの種類を選ぶ

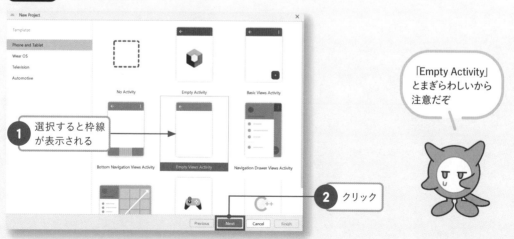

1 選択すると枠線が表示される

2 クリック

「Empty Activity」とまぎらわしいから注意だぞ

0-2-2　プロジェクトの設定をしよう

次にプロジェクトの名前や保存先などを入力していきます。1つずつ項目を見ていきましょう。

図 0-2-3 プロジェクトの設定を入力する

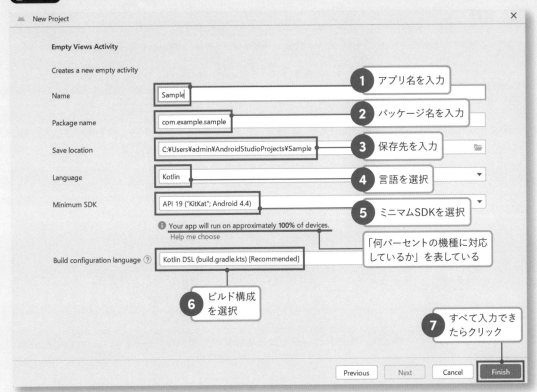

1 アプリ名

アプリの名前を入力します。ここでは「**Sample**」と入力します。

2 パッケージ名

アプリ名を入力すると自動で入力されます。今回は「**com.example.sample**」となっているはずです。パッケージ名は、作ったアプリをアプリストアで公開した際に「**applicationId**（アプリケーション ID）」として使われ、公開ページの URL で次のように表記されます。

🌐 https://play.google.com/store/apps/details?id=パッケージ名

同じ ID を持つアプリを公開することはできないので、他のアプリと重複しないようにする必要があります。ドメイン（※1）を取得してパッケージ名に使用するのが一般的ですが、今回はアプリの公開はしないため、そのままにしておきます。

※1　ドメインとは、ウェブサイトの「住所」にあたるものです。例えば「https://codeforfun.jp/book/」という URL の中では「codeforfun.jp」の部分がドメインです。

③ 保存先

プロジェクトを保存する先を指定できますが、アプリ名を入力すると自動で入力されます。ここでは初期設定のまま「**AndroidStudioProjects**」フォルダに保存します。

④ 言語

Java と Kotlin のどちらの言語を使うかを選択します。ここでは「**Kotlin**」を選択します。

⑤ ミニマムSDK

SDK とは「**Software Development Kit**」の略で、アプリの開発キットのようなものです。API 19、20、21……と名前がついており、本書では「**API 19**」を選択します（※2）。

⑥ ビルド構成

アプリの設定ファイルに使う言語の選択です。変更せずに進めます。

　最後に［**Finish**］ボタンをクリックすると、プロジェクトの作成がはじまります。はじめてプロジェクトを作成するときは、ダウンロードされるファイルが多いので時間がかかるかもしれません。気長に待ちましょう！

　必要なファイルがある場合は、ダウンロードがはじまります。ダウンロードが終わったら［**Finish**］を押します。

図 0-2-4 必要なファイルのダウンロード

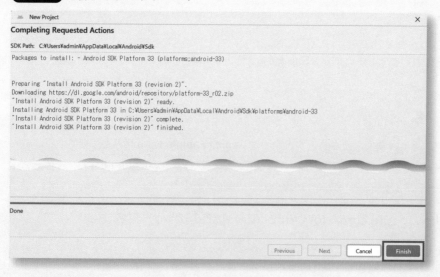

※2　どのバージョンを設定するかによって、どこまで古いスマートフォンの機種に対応できるかが決まります。本書では API 19 にしたので、100% の機種に対応できることになります（2023 年 8 月時点）。

0-2-3 プロジェクトが完成！

　プロジェクトが作成されると**図0-2-5**のような画面が表示されます。画面の右側では、利用者向けの最新情報（新バージョンで追加された機能など）が紹介されています。右端中央にある「**Assistant**」タブをクリックして閉じてしまいましょう。

図 0-2-5 プロジェクトが作成されたあとの画面

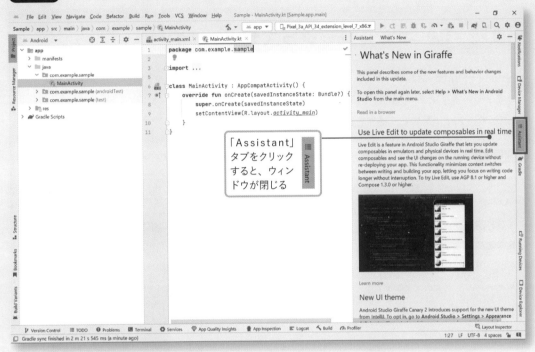

「Assistant」
タブをクリック
すると、ウィン
ドウが閉じる

SECTION 0-3 | パソコン上でスマホを動かしてみよう

0-3-1 エミュレータって何？

Android Studio には、パソコン上でスマートフォンやタブレットの操作をシミュレーションできる「**エミュレータ**」という機能が用意されています。本書では「①コードを書く」→「②エミュレータで動かす」を繰り返して、動作を確かめながらアプリを作っていきます（※3）。

図 0-3-1 エミュレータが開いた様子

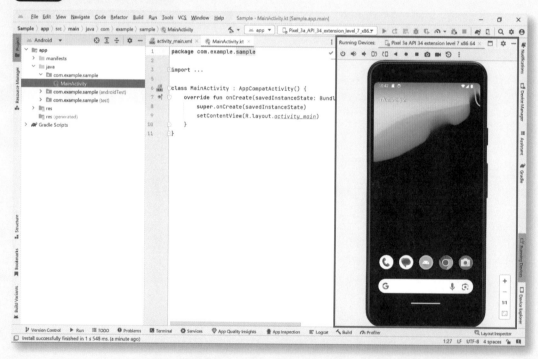

パソコンの画面にスマホが出てるよ！

パソコン上の「仮想スマホ」って感じだな

※3　アプリを公開するときは実物のスマートフォンやタブレットでアプリに問題がないか確認するのが一番ですが、Android 端末は OS のバージョンや画面サイズが細かく分かれています。すべての実機を揃えるのは難しいので、エミュレータを使ってさまざまな機種でアプリの動作を確認できるようになっています。

0-3-2　エミュレータを起動しよう

まずはエミュレータの電源を入れてみましょう！

エミュレータの管理には「**Device Manager（デバイスマネージャー）**」を使います。Android Studio の右上にあるスマートフォン型のアイコンか、一番右側にあるタブをクリックしましょう。

図 0-3-2　デバイスマネージャーを開く

デバイスマネージャーではエミュレータの作成、起動、削除などができます。あらかじめエミュレータが 1 つ用意されているはずなので、これを使ってみましょう。エミュレータが作成されていない場合は、付録の「エミュレータの作成方法」（227 ページ）を参照して、エミュレータを作成してください。

図 0-3-3　あらかじめエミュレータが登録されている

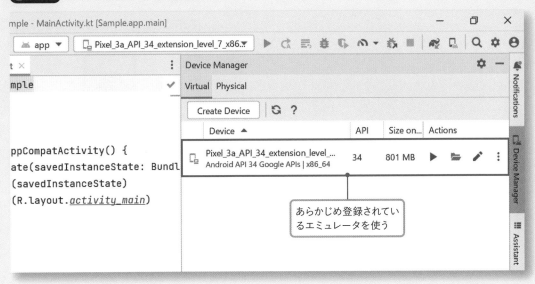

「▶」ボタンをクリックしてエミュレータを起動します。

図 0-3-4 エミュレータを起動する

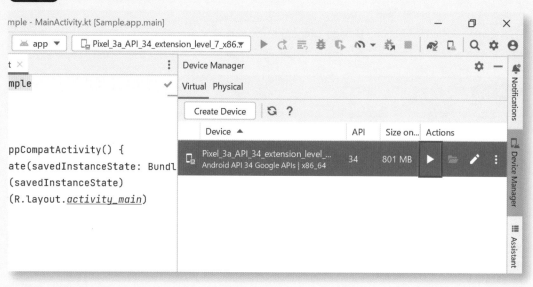

起動できると画面の右下にエミュレータが表示されます。

図 0-3-5 エミュレータが表示された！

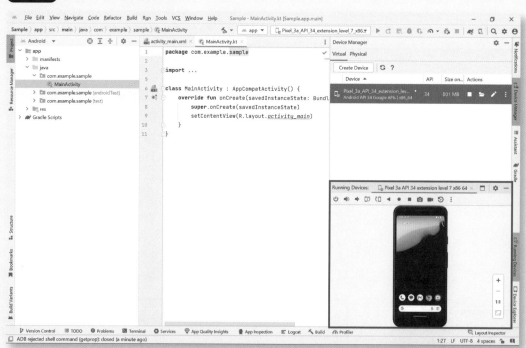

0-3-3　エミュレータでアプリを動かしてみよう

1　簡単なアプリを実行しよう

　簡単なアプリを、エミュレータで実行してみましょう。Android Studio でプロジェクトを作成すると「**activity_main.xml**」というファイルが自動的に作成されます。このファイルには、画面に「**Hello World!**」というテキストを表示させるアプリのコードがあらかじめ記載されています。

　このアプリを実行して、エミュレータにテキストを表示させてみましょう。画面上部にある緑の「**▶**」ボタンをクリックします。

図 0-3-6　エミュレータでプログラムを実行する

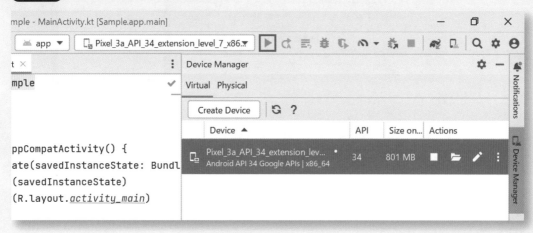

　すると、画面右側のエミュレータにアプリ画面が表示されます。エミュレータが小さくて見にくい場合、不要なウィンドウは閉じてしまいましょう。

図 0-3-7　エミュレータが大きく表示されるようにする

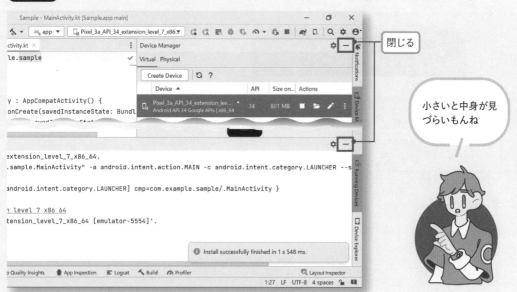

閉じる

小さいと中身が見づらいもんね

エミュレータの画面に「**Hello World!**」と表示されていれば成功です！

図 0-3-8 プログラムが実行された！

エミュレータでの確認が終わったら「■」ボタンを押してプログラムを停止しましょう。

図 0-3-9 プログラムを停止する

2 エミュレータを閉じよう

　エミュレータを閉じるときは「×」ボタンを押します。非表示にするだけの場合は右下の「**Running Devices**」タブを押します。

図 0-3-10 エミュレータを閉じる／非表示にする

閉じる

非表示にする

Check Point

エミュレータがうまく
動作しない！

エミュレータの調子が悪い場合や、Android Studio 自体の動作がおかしい場合は、まず Android Studio の再起動を試してみましょう。

困ったときは再起動で解決することがよくあるぞ

0-3-4 エミュレータを日本語化する方法

エミュレータの言語は、最初は英語で設定されています。この設定を日本語に変更しましょう。エミュレータ上で「**Settings**」アプリを開きます。そして、画面を下にスクロールして「**System**」をタップ（Android Studio の画面上ではクリック）します。

図 0-3-11 日本語の設定①

「**Languages & input**」をタップし、「**Languages**」をタップします。

図 0-3-12 日本語の設定②

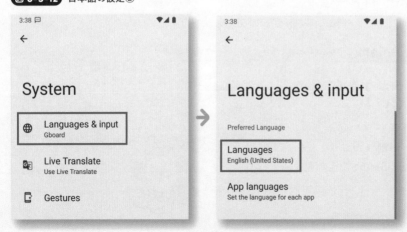

続いて、「**Add a language**」をタップします。上部の検索ボックスに「**ja**」と入力すると日本語を簡単に見つけることができます。

図 0-3-13 日本語の設定③

「日本語」をタップします。日本語（日本）が追加されたら、ドラッグ＆ドロップで English と日本語の順番を入れ替えます。

図 0-3-14 日本語の設定④

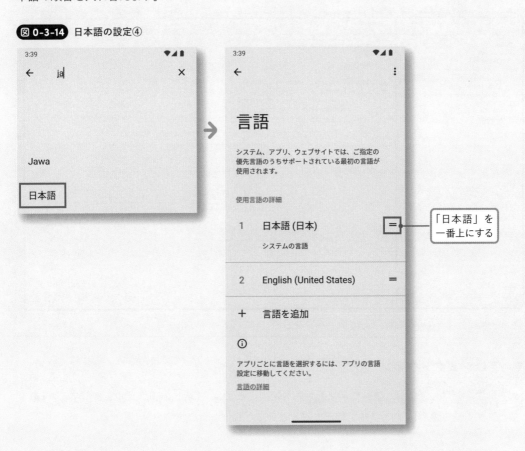

SECTION 0-4 アプリ開発をはじめる最終準備をしよう

最後に、これからいよいよアプリを作っていくにあたって、Android Studio の画面の見方や、基本的なファイルの種類について簡単に確認しておきましょう。

0-4-1 Android Studioの画面の見方

まずは Android Studio の画面全体の見方です。使いながら慣れていけばよいので、現時点で必要な箇所だけ見ていきましょう。

図 0-4-1 Android Studioの画面構成

1 プロジェクトウィンドウ

まず画面左側は「**プロジェクトウィンドウ**」です。ここでは、「新しいファイルを作成する」「編集したいファイルを開く」「ファイルを削除する」といった操作を行います。

2 エディタ

画面中央に表示されるのは「**エディタ**」のエリアです。タブには現在開いているファイルが表示されていて、どのファイルを編集するか切り替えることができます。

図 0-4-2 編集するファイルを切り替える

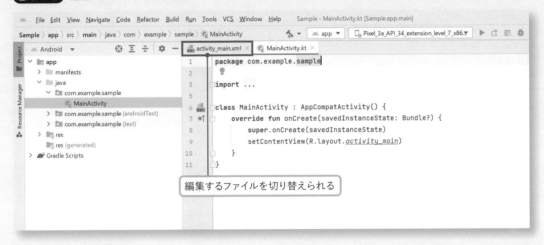

「**activity_main.xml**」というファイルのタブを開いてみましょう。また後ほど紹介しますが、「activity_main.xml」はアプリの見た目を作るためのファイルです。このファイルを開くと、エディタの右上に「**Code**」「**Split**」「**Design**」という3つのタブが表示されます。

図 0-4-3 3つのタブ

≡ Code ▤ Split ▲ Design

これはアプリの見た目となる「画面」のコードを、どのような形式で書くのかを選べるタブです（※4）。初心者の方は、アプリのプレビュー画面を見ながらコードが書ける「Split」を使うと進めやすいでしょう。本書では、「Split」と「Design」の両方の形式を使います。

表 0-4-1 画面のコードを書くための形式

形式	特徴
Code	アプリ画面を作るためのコードを自分で書いていく形式。スッキリとしたコードを書けることがメリット
Split	コードとプレビュー画面が分割で表示される形式。コードを書きながら、どのようなレイアウトになるかプレビューで確認することができる
Design	Paletteと呼ばれるエリアからボタンやテキストなどをドラッグ&ドロップで画面に置いていく形式。要素を配置すると対応するコードが自動で追加される

※4 アプリ画面はXML（Extensible Markup Language）と呼ばれるコードを書くことで作成します。XMLは簡単にいうと、ウェブサイトを作るときに使うHTMLのデータ管理バージョンなのですが、本書とは異なるテーマになってしまうため「こういう書き方をするのか」と理解して先に進みましょう。

0-4-2 Android Studioのファイルについて

Android Studio ではプロジェクトを作成すると「**activity_main.xml**」と「**MainActivity.kt**」というファイルが自動的に作成されます。

Android アプリ開発では、ユーザーが目にするアプリ画面のことを「**Activity（アクティビティ）**」と呼びます。先ほどの2つのファイルを使って、アクティビティを作成していきます。ここから先のアプリ開発では、この2つのファイルの内容を書き換えていくことになります。今の時点ではこの2つのファイルの違いについて、

- activity_main.xml はアプリの見た目を作る場所
- MainActivity.kt はアプリの機能を作る場所

とおさえておきましょう。

アクティビティって何？

この先も、「**アクティビティ**」という用語は登場します。アクティビティは「**アプリ画面そのもの**」と理解しておきましょう。先ほど、エミュレータに表示した「Hello World!」という画面も「MainActivity」という名前のアクティビティなのです。

●アクティビティはアプリ画面のこと

アクティビティは
アプリ画面のこと

複数のアクティビティ
を作ればアプリの
画面を切り替えられる

これで
準備万端だね！

どんどん
アプリを
作っていくぞ！

Chapter

1

スマホで植物を育てよう！
フラワーシミュレーター

Chapter 1

スマホで植物を育てよう！

この章で作成するアプリ

この章では「現実で植物を育てるのは大変！」という人のために
植物栽培シミュレーター風アプリを開発します。
少しずつ植物が成長していく様子を、あなたのスマホの中で観察してみましょう。

Check!

植物栽培体験

成長段階に合わせて
メッセージと画像が
切り替わります

Check!

ボタンで水やり

「水をあげる」ボタ
ンをタップすると少
しずつ植物が成長し
ていきます

Check!

**リセットで
やり直し**

「リセット」ボタン
で成長した植物を最
初の姿に戻すことが
できます

Roadmap
ロードマップ

SECTION 1-1 プロジェクトを準備しよう ＞P030
まっさらなプロジェクトを用意するぞ！

SECTION 1-2 アプリの見た目を作ろう ＞P034
おおまかなアプリの画面を作っていく！

SECTION 1-3 「水をあげる」ボタンを作ろう ＞P044
植物栽培に欠かせないボタンだ！

SECTION 1-4 植物が育っていく様子を再現しよう ＞P052
画像とメッセージが切り替わるようにするぞ

SECTION 1-5 ボタンの表示と非表示を切り替えよう ＞P055
ボタンは必要なときだけ表示させよう！

SECTION 1-6 リセットボタンを作ろう ＞P057
何度も植物を育てられるようにしよう！

FIN

Point
── この章で学ぶこと ──

☑ アプリは「レイアウト」と「ビュー」で見た目を作る！

☑ アプリ画面にはテキストや画像、ボタンなどを表示できる！

☑ ボタンをタップできるようにするのは「クリックリスナー」！

Go next page! →

SECTION
1-1 | プロジェクトを準備しよう

1-1-1 新しいプロジェクトを作成しよう

まずは第0章の手順に沿って新しいプロジェクトを作成します。第0章のプロジェクトをそのまま開いている場合は、メニューバーの [**File**] → [**New**] → [**New Project**] を選択してください。

図 1-1-1 新しいプロジェクトを開く

[**Empty Views Activity**] を選択して、以下のようにプロジェクトを作成します。

図 1-1-2

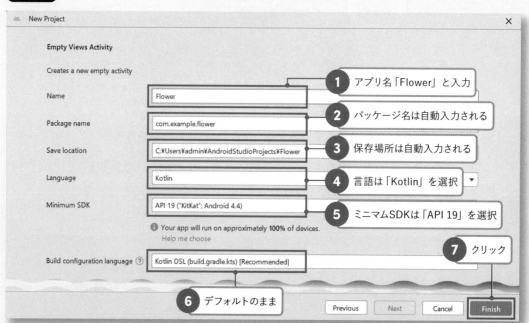

1-1-2 アプリに表示する画像を用意しよう

図 1-1-3 画像はダウンロードファイルを使う

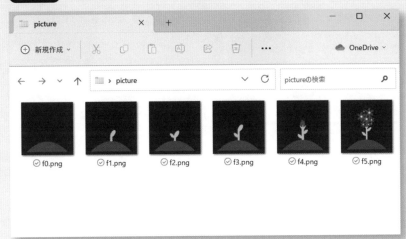

アプリに表示する画像を用意します。画像は、本書のダウンロードファイルの「**picture**」フォルダにある6枚の画像を使います。

画像をアプリで使用できるようにするために、まずは画面左側のプロジェクトウィンドウで、「**res**」フォルダの中にある「**drawable**」フォルダを右クリックし、[**Open In**] → [**Explorer**] を選択します。

図 1-1-4 「drawable」フォルダを開く

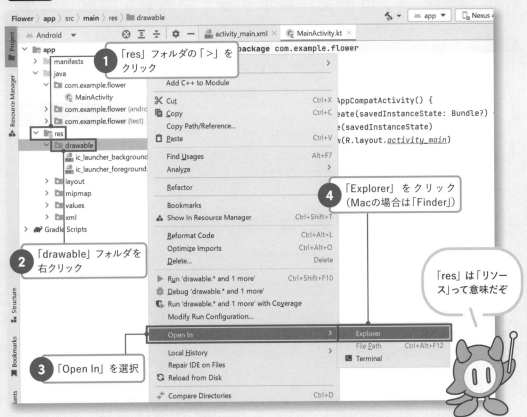

するとウィンドウで「res」フォルダが開くので、「drawable」フォルダを選択し、サンプルファイルの画像をコピーします。プロジェクトウィンドウで、「drawable」フォルダの直下に画像ファイルが追加されていれば準備完了です。

図 1-1-5 画像をドラッグ&ドロップで移動

図 1-1-6 画像が追加された

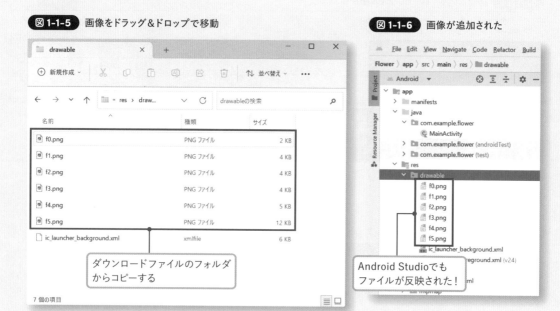

ダウンロードファイルのフォルダからコピーする

Android Studioでもファイルが反映された!

1-1-3 アプリ画面に表示するテキストを用意しよう

図 1-1-7 strings.xmlを開く

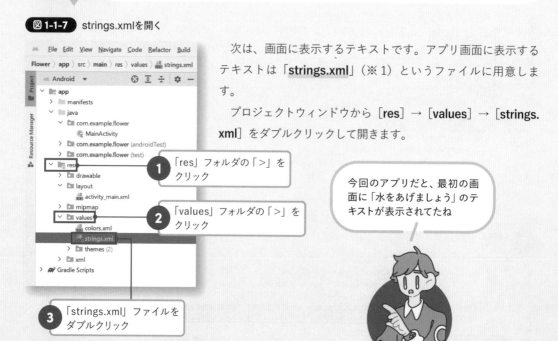

1 「res」フォルダの「>」をクリック

2 「values」フォルダの「>」をクリック

3 「strings.xml」ファイルをダブルクリック

次は、画面に表示するテキストです。アプリ画面に表示するテキストは「**strings.xml**」(※1)というファイルに用意します。

プロジェクトウィンドウから [**res**] → [**values**] → [**strings.xml**] をダブルクリックして開きます。

今回のアプリだと、最初の画面に「水をあげましょう」のテキストが表示されてたね

※1　strings.xml は日本語用/英語用など、言語ごとに作成できるため、アプリの翻訳が簡単にできるようになります。文字列を変更する際も、該当箇所を見つけやすいというメリットがあります。

するとエディタに **strings.xml** が表示されるので、コード 1-1-1 のようにコードを追加します。

Code **1-1-1** strings.xml

```
1   <resources>
2       <string name="app_name">Flower</string>
3
4       <string name="message"> 水をあげましょう </string>
5       <string name="message0"> どんどん水を注ぎましょう！ </string>
6       <string name="message1"> まだまだです！ </string>
7       <string name="message2"> 何が咲くでしょう？ </string>
8       <string name="message3"> 成長してきました！ </string>
9       <string name="message4"> もう少しです！ </string>
10      <string name="message5"> 花が咲きました！ </string>
11      <string name="img_flower"> 花の画像 </string>
12      <string name="btn_water"> 水をあげる </string>
13      <string name="btn_reset"> リセット </string>
14  </resources>
```

先頭には4文字分の
半角スペースが入る

XMLって何？

activity_main.xml や strings.xml のように、ファイル名に「**.xml**」がついているファイルはすべて「**XML**」でコードが書かれています。XML とは「**Extensible Markup Language**（エクステンシブル・マークアップ・ランゲージ)」のことで、主にデータを管理するための言語です。

コードを打ち間違えないようにしないと…ドキドキ

落ち着いてやれば大丈夫だ！

1-2 アプリの見た目を作ろう

図 1-2-1 アプリ画面

　画像とテキストが準備できたところで、ここからは**図1-2-1**のように「テキスト」「画像」「ボタン」が配置されたアプリの画面を作っていきます。

　新しい言葉がたくさん出てきますが、まずはコードを書きながら学んでいきましょう。コードを書く際は、次の2つを意識しましょう。

- **コードは半角文字で書く**
- **文字が赤くなったらスペルミスがないか見直す**

1-2-1　レイアウトとビューについて学ぼう

　エディタで activity_main.xml を表示して、右上にある「Split」タブをクリックします。すると、画面にコードが表示されます。

　コードを見ると2行目に「<androidx.constraintlayout.widget.ConstraintLayout」と書いてあります。これは「**ConstraintLayout（コンストレイントレイアウト）を使用します**」という意味です。

図 1-2-2 activity_main.xmlのコードを表示する

レイアウトって何？

アプリ画面を作るために、まず必要になるのが**レイアウト**です。どんなアプリでも画面には、テキスト／ボタン／画像など、いろいろな要素が表示されています。これらの要素を「**どのように配置するか**」を決めているのがレイアウトです。テキストやボタンなどの要素を**ビュー**と呼びます。

図 1-2-3　レイアウトとビュー

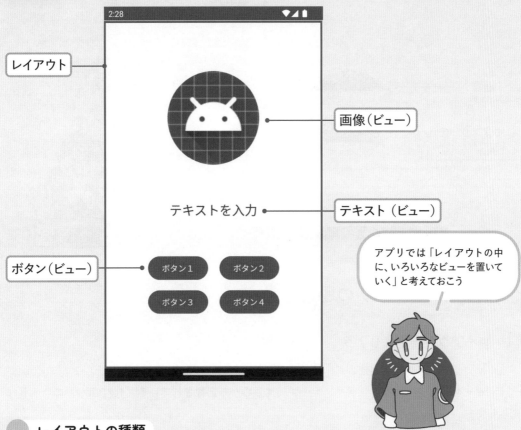

アプリでは「レイアウトの中に、いろいろなビューを置いていく」と考えておこう

レイアウトの種類

レイアウトにはいくつか種類があります。ConstraintLayout と LinearLayout だけでも幅広いアプリ画面を作ることができます。本書ではこの 2 つのレイアウトに絞ってアプリを作っていきます。

表 1-2-1　主なレイアウトの種類

レイアウトの名前	どんなレイアウト？
ConstraintLayout	ビュー要素を相対的に配置するレイアウト（第2章で使用）
LinearLayout	ビュー要素を縦一列・横一列に並べるレイアウト
FrameLayout	ビュー要素を重ねることができるレイアウト
TableLayout	テーブル（表）形式のレイアウト
GridLayout	グリッド（格子状）のレイアウト

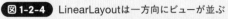
図 1-2-4　LinearLayoutは一方向にビューが並ぶ

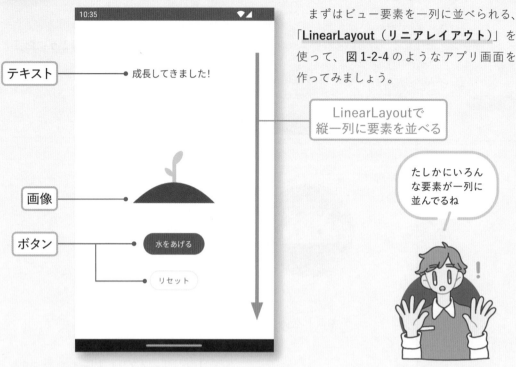

まずはビュー要素を一列に並べられる、「**LinearLayout（リニアレイアウト）**」を使って、図 1-2-4 のようなアプリ画面を作ってみましょう。

LinearLayoutで
縦一列に要素を並べる

たしかにいろんな要素が一列に並んでるね

テキスト ● 成長してきました!

画像

ボタン 水をあげる

リセット

1-2-2　アプリの画面を作ろう

1 レイアウトを用意しよう

まずはレイアウトを初期設定の ConstraintLayout から LinearLayout に変更しましょう。activity_main.xml のコードを次のように書き換えます。**はじめから記載されている「TextView」のコードは削除します。**

Code　1-2-1　activity_main.xml

```
1  <?xml version="1.0" encoding="utf-8"?>
2  <LinearLayout xmlns:android=http://schemas.android.com/apk/res/android
      xmlns:app=http://schemas.android.com/apk/res-auto ●── この行は削除する
3     xmlns:tools=http://schemas.android.com/tools
4     android:layout_width="match_parent"
5     android:layout_height="match_parent"
6     tools:context=".MainActivity"
7     android:orientation="vertical"
8     android:gravity="center">
9     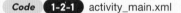                    ここにビューのコードを書いていく
                                             （はじめから書いてあるTextViewは削除）
10 </LinearLayout>
```

2行目からが LinearLayout の記述です。レイアウトはビューを置くための箱のようなものです。開始タグの **<LinearLayout>** ではじめて、終了タグの **</LinearLayout>** で終わるのがルールです。

図1-2-5 レイアウトのコードを書くルール

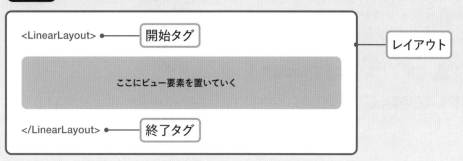

開始タグ <LinearLayout> には何やらいろいろなコードが書いてありますね。これらは**属性**といって、レイアウトのさまざまな設定をしています。たくさん書いてありますが、まずは「**1行目から6行目までは必ず書いておくコード**」だと覚えておきましょう。

そして、LinearLayout で役立つのが7、8行目にある「**orientation 属性**」と「**gravity 属性**」です。

Code **1-2-2** activity_main.xml

```
1   <?xml version="1.0" encoding="utf-8"?>
2   <LinearLayout xmlns:android=http://schemas.android.com/apk/res/android
3       xmlns:tools=http://schemas.android.com/tools
4       android:layout_width="match_parent"
5       android:layout_height="match_parent"
6       tools:context=".MainActivity"
7       android:orientation="vertical"
8       android:gravity="center">
```

必ず書いておくコード（1〜6行目）

7行目：要素が並ぶ方向を決める
8行目：要素をどこに配置するかを決める

属性って何？

「**属性**」とはレイアウトやビューの位置、大きさ、名前などの設定を書くためのものです。コードには「**属性名 ="値"**」のように、「属性名」と「値」をセットで書きます。最初に用意した strings.xml の文字列にも、それぞれの文字列を区別できるようにするための「**name**」属性を設定しています。

●strings.xml

```
4   <string name="message"> 水をあげましょう </string>
```

属性名　値

要素が並ぶ方向を決める（orientation属性）

レイアウト内で「**ビュー要素を縦／横どちらの方向に並べるか**」を決めます。今回はテキスト／画像／ボタンを縦一列に並べるので「**vertical（垂直）**」を指定しました。この属性を書かないと初期値の「**horizontal（水平）**」で横並びになります。

要素をどこに配置するか決める（gravity属性）

「**ビュー要素を上下左右どこに配置するか**」を決めます。ここでは「**center（中央）**」にしたので画面中央に表示されるようになります。

② 「水をあげましょう」のテキストを表示させよう

レイアウトの中にテキストを配置してみましょう。テキストを表示するビューは「**TextView（テキストビュー）**」と呼ばれます。

activity_main.xml に 10 〜 15 行目を追加します。Android Studio 画面右側のプレビューに「**水をあげましょう**」と表示されていれば、成功です！

Code　**1-2-3**　activity_main.xml

```
1    <?xml version="1.0" encoding="utf-8"?>
2    <LinearLayout xmlns:android=http://schemas.android.com/apk/res/android
```
〜〜〜〜〜〜〜〜〜〜〜〜〜〜〜〜〜〜〜〜〜〜〜〜〜〜〜〜〜〜〜〜〜〜〜
```
8        android:gravity="center">
9
10       <TextView                            ビューの名前を決める
11           android:id="@+id/messageView"
12           android:layout_width="wrap_content"      ビューの幅を決める
13           android:layout_height="wrap_content"          ビューの高さを決める
14           android:text="@string/message"       テキストを指定する
15           android:textSize="18sp" />
16   </LinearLayout>
                  テキストのサイズを決める
```

テキストビューは終了タグを省略できるぞ

Code 11行目 ビューの名前を決める（android:id属性）

「**ビューに固有の名前をつける**」属性です。ビューに名前をつけることで「このビューには○○する、あのビューには△△する」といった処理を書けるようになります。1つのXMLファイルの中で同じid名をつけることはできません。

Code 12、13行目 ビューの幅と高さを決める（android:layout_width／android:layout_height属性）

「**ビュー要素の幅と高さを決める**」属性です。wrap_content、match_parent、数値+dp（※2）のいずれかの形式を指定できます。

図1-2-6 幅と高さを決める形式の違い

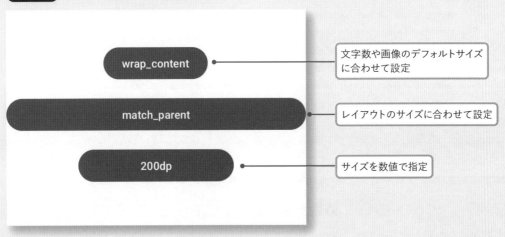

wrap_content ── 文字数や画像のデフォルトサイズに合わせて設定

match_parent ── レイアウトのサイズに合わせて設定

200dp ── サイズを数値で指定

Code 14行目 表示するテキストを指定する（android:text属性）

strings.xml に用意しておいたテキストを指定して、「**テキストビューの文字列として画面に表示させる**」属性です。「**@string/ 名前**」と書きます。

Code 15行目 テキストの文字サイズを指定する（android:textSize属性）

「**文字サイズを指定する**」属性です。先ほどのコードで使われていた「**sp**」という単位は「**Scalable Pixel**（スケーラブルピクセル）」の略で、ユーザーが設定しているフォントサイズに合わせて調整される単位です。

※2 dp（Density-independent Pixels）は画面密度に合わせてサイズを調整する単位です。

3　植物の画像を表示させよう

　画像を表示するビュー要素を「**ImageView（イメージビュー）**」と呼びます。「水をあげましょう」のテキストの下に、植物を植えた土の画像を表示させてみましょう。activity_main.xml に次のコードを追加します。

Code `1-2-4` activity_main.xml

```
10      <TextView
```
〰〰〰〰〰〰〰〰〰〰〰〰〰〰〰〰〰〰〰〰〰〰〰〰〰〰〰〰〰〰〰〰〰〰〰〰〰〰
```
15          android:textSize="18sp" />
16
17      <ImageView
18          android:id="@+id/flowerImage"
19          android:layout_width="200dp"
20          android:layout_height="200dp"
21          android:src="@drawable/f0"          ──[画像を指定する]
22          android:layout_marginVertical="40dp"   ──[余白をつける]
23          android:contentDescription="@string/img_flower" />
24  </LinearLayout>                      ──[画像の説明を加える]
```

Check Point

画像が表示されない！

「@drawable/f0」の文字が赤くなって画像が表示されない場合は、Android Studio を再起動してみましょう。

Code `21行目` **表示する画像を指定する（android:src属性）**

「**どの画像を表示するかを指定する**」属性です。画像は「drawable」フォルダに置いていましたね（32 ページ）。画像を指定するには「**@drawable/ 画像名**」と書きます。

Code `22行目` **余白をつける（android:layout_margin〜属性）**

「**ビューの上下左右に余白をつける**」属性です。ここでは **layout_marginVertical** を指定して画像の上下に 40dp の余白をつけています。

表1-2-2 余白をつける位置のパターン

属性	余白をつける場所
layout_margin	上下左右
layout_marginTop	上
layout_marginBottom	下
layout_marginStart	左
layout_marginEnd	右
layout_marginVertical	垂直方向（上下）
layout_marginHorizontal	水平方向（左右）

Margin（マージン）は余白って意味だぞ

Code 23行目 **画像の説明を加える**（android:contentDescription属性）

「その画像が何の画像なのかを補足する」属性です。アプリの読み上げ機能を有効にしていると、指定した文字列が読み上げられます。

4 「水をあげる」「リセット」ボタンを用意しよう

最後にボタンを 2 つ追加しましょう。「**Button（ボタン）**」ビューを使います。

Code **1-2-5** activity_main.xml

```
17    <ImageView
```
〜〜〜〜〜〜〜〜〜〜〜〜〜〜〜〜〜〜〜〜〜〜〜〜
```
23        android:contentDescription="@string/img_flower" />
24
25    <Button
26        android:id="@+id/waterBtn"
27        android:layout_width="wrap_content"           「水をあげる」ボタン
28        android:layout_height="wrap_content"
29        android:text="@string/btn_water" />
30
31    <Button
32        android:id="@+id/resetBtn"
33        android:layout_width="wrap_content"
34        android:layout_height="wrap_content"           「リセット」ボタン
35        style="@style/Widget.Material3.Button.OutlinedButton"
36        android:text="@string/btn_reset"
37        android:layout_marginTop="20dp" />
38  </LinearLayout>
```

「**ボタンのスタイル（見た目）**」を決めます。今回は初めから用意されている **Material Design（マテリアルデザイン）** のボタンを使います。マテリアルデザインとは Google が提唱しているデザインルールで、これに沿うことでユーザーが使いやすいアプリを作れます。

ボタンのスタイルは 3 種類あり、重要度によって使い分けます。スタイルを指定しない場合は、重要度が高い「**Widget.Material3.Button**」になります。デザインに関する詳しい説明は割愛しますが、重要度の高いボタンを何個も置くと「どのボタンを押せばよいか」ユーザーが迷ってしまうので避けましょう。

図 1-2-7 ボタンの重要度の違い

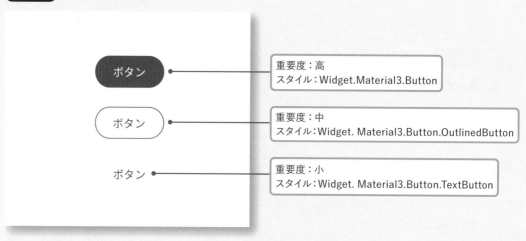

重要度：高
スタイル：Widget.Material3.Button

重要度：中
スタイル：Widget. Material3.Button.OutlinedButton

重要度：小
スタイル：Widget. Material3.Button.TextButton

大事なボタンがたくさんあったら迷っちゃうからな

強弱をつけるのが大切なんだね

1-2-3 エミュレータで見た目を確認してみよう

ここまでの作業が完了したら、一度、アプリを実行してみましょう。実行するエミュレータが選択されていることを確認して「▶」を押します。

図1-2-8 エミュレータでアプリを起動してみよう

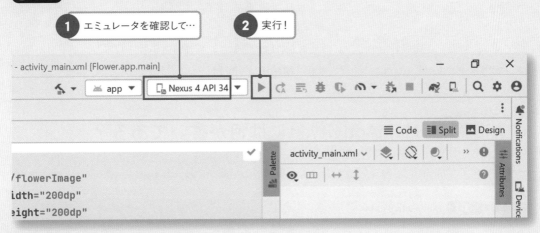

図1-2-9 現時点でのアプリの実行画面

エミュレータに左のような画面が表示されたら成功です！

Check Point

activity_main.xml で
エラーが出てしまう

コードに赤い波線がついている場合は、周辺のコードを確認してみましょう。

● 開始タグと終了タグが正しく書かれていますか？
● /> のバックスラッシュを忘れていませんか？
● 全角の文字が交ざっていませんか？

SECTION 1-3 「水をあげる」ボタンを作ろう

アプリの見た目が完成したので、次はアプリの機能（動き）を作っていきましょう。アプリの機能は「activty_main.xml」と一緒に作成された「**MainActivity.kt**」にコードを追加していきます。

1-3-1 MainActivity.ktには何が書いてある？

エディタで MainActivity.kt を開くと次のようなコードが書いてあります。

Code 1-3-1 MainActivity.kt

```
6   class MainActivity : AppCompatActivity() {
7       override fun onCreate(savedInstanceState: Bundle?) {
8           super.onCreate(savedInstanceState)
9           setContentView(R.layout.activity_main)
10      }
11  }
```

アプリの準備をする

　MainActivity.kt には「**onCreate**」と書かれた部分が必ず用意されています。これは簡単にいうと「**アプリを使うための準備をする場所**」で「**onCreate メソッド**」と呼びます。

　例えば、アプリを開いてテキストやボタンが何もない真っ白な画面が表示されたら、ユーザーは困ってしまいます。そこで、アプリを開いたときに、テキストやボタンを表示するための準備をするのが onCreate メソッドです。このメソッドを消したり、名前を変えたりすると、エラーになってしまうので注意しましょう。

アプリを使うための準備がいるなんて考えたこともなかったよ

普段使ってるアプリも、最初に準備をしているんだぞ

1-3-2 「水をあげる」ボタンを押した回数を表示する

アプリの機能として、まずは「水をあげる」ボタンを押した回数を表示してみます。

　ボタンを押すたびにテキストの表示を変えるためには「どのボタンが押されたとき」に「どのテキストを変更するのか」をプログラムに指定します。ここで役に立つのが、それぞれのビューにつけた固有の名前である「**id 属性**」です。MainActivity.kt に 11 ～ 14 行目のコードを追加しましょう。コードに赤いエラーがつくかもしれませんが、そのまま進めてください。

Code **1-3-2** MainActivity.kt

```
6   class MainActivity : AppCompatActivity() {
7       override fun onCreate(savedInstanceState: Bundle?) {
8           super.onCreate(savedInstanceState)
9           setContentView(R.layout.activity_main)
10
11          val messageView: TextView = findViewById(R.id.messageView)
12          val flowerImage: ImageView = findViewById(R.id.flowerImage)
13          val waterBtn: Button = findViewById(R.id.waterBtn)
14          val resetBtn: Button = findViewById(R.id.resetBtn)
15      }
16  }
```

　ここで使用したのは「**findViewById メソッド**」です。設定した id をもとにビューを取得しておくことで、表示するテキストを変えたり、ボタンをタップしたときの処理を書いたりできます。

メソッドって何？

　「**メソッド**」（※3）とは、簡単にいうと「コードのまとまり」のことです。大きく分けて**「コードを実行するだけのメソッド」**と**「コードを実行して値を返すメソッド」**の 2 種類があります。Android Studio では最初からたくさんのメソッドが用意されているので、このメソッドを使いながらアプリを作っていきます。もちろん自分でメソッドを用意することもできます。しかし、メソッドを用意するだけでは、メソッド内のコードは実行されません。処理を実行したいタイミングで**「メソッドを呼び出す」**ことが必要になります。

●メソッドの種類

コードを実行するだけのメソッド	コードを実行して値を返すメソッド
onCreate メソッド → 初期設定をするだけ	ビュー要素を見つけて返す ← findViewById メソッド → ビュー要素（値）

※3　Kotlin ではメソッドのことを「関数」ともいいます。違いを説明すると難しくなってしまうため、本書では「メソッド」に統一しています。

必要なファイルを読み込む

まず、先ほどのコードを書いた時点で、コード中の「TextView」「ImageView」「Button」の文字が赤色になっていることでしょう。これは**プログラムに必要なファイルが読み込まれていない**ことが原因です。

図 1-3-1 一部の文字が赤くなっている

```
val messageView: TextView = findViewById(R.id.messageView)
val flowerImage: ImageView = findViewById(R.id.flowerImage)
val waterBtn: Button = findViewById(R.id.waterBtn)
val resetBtn: Button = findViewById(R.id.resetBtn)
```

毎回、自分で必要なファイルを追加するのは面倒なので、自動で追加されるように設定しておきましょう。Android Studio のメニューバーから、Windows の場合は「**File**」→「**Settings**」を、Mac の場合は「**Android Studio**」→「**Settings**」をクリックします。

図 1-3-2 自動インポートの設定①

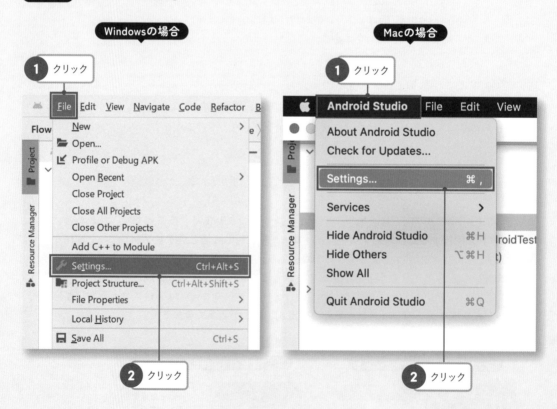

46

「**Settings**」の画面が開いたら、左側のメニューから「**Editor**」→「**General**」→「**Auto Import**」を選択し、次のように自動インポートの設定をします。

図 1-3-3 自動インポートの設定②

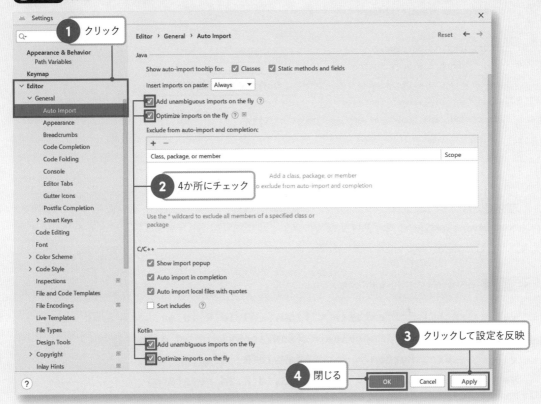

設定ができたら、MainActivity.kt の 3 行目の「import」の横にある「+」ボタンを押してみましょう。

図 1-3-4 「+」ボタンをクリックする

「必要なファイルをインポート」するってどういうこと？

「**import**（インポート）」は必要なファイルを読み込むためのものです。詳しい説明は省略しますが、ImageView に画像を設定するためには setImageResource メソッドを使います。このメソッドは「ImageView.java」というファイルに書いてあるため、メソッドを使うには import を使って ImageView.java ファイルを読み込む必要があるのです。

すると、「import 〜」に続く文が表示されます。

Code 1-3-3 MainActivity.kt

```
1   package com.example.flower
2
3   import android.os.Bundle
4   import android.widget.Button
5   import android.widget.ImageView
6   import android.widget.TextView
7   import androidx.appcompat.app.AppCompatActivity
8
9   class MainActivity : AppCompatActivity() {
```

この3行が新たに追加されている

import（インポート）は必要なファイルを読み込むために使うもので、ここでは「Button」「ImageView」「TextView」を使用するためのファイルが読み込まれています。ファイルをきちんと読み込んだことで、赤くなっていた文字も黒くなりました。

図 1-3-5 赤くなっていたコードも黒に変わっている

```
val messageView: TextView = findViewById(R.id.messageView)
val flowerImage: ImageView = findViewById(R.id.flowerImage)
val waterBtn: Button = findViewById(R.id.waterBtn)
val resetBtn: Button = findViewById(R.id.resetBtn)
```

Check Point

自動でインポートされない！

importできるファイルの候補が複数あると、インポートが自動で行われないことがあります。その場合、赤い文字になっているコード部分にカーソルを合わせると青いメッセージが出てくるので、その状態で［Alt］キーと［Enter］キーを同時に押しましょう。

● 自動インポートがされないときは手動でインポートする

```
set   ? android.widget.TextView? Alt+Enter   y_main)

    val messageView: TextView = findViewById(R.id.messageView)
```

---

idの指定をするときのルール

　idの指定をするときに「R.id. messageView」と先頭に「R」という文字を書いていました。これは res フォルダにある**すべてのファイルには id がついていて R クラスという場所にまとめられている**ためです。「R」は Resource（リソース）の頭文字を指しています。

　少しわかりづらいかもしれませんが、まずはそういうものだと理解して先に進みましょう。

「R」と書くきまり、と覚えておこう！

●resフォルダ

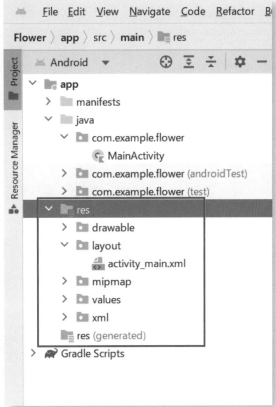

クラスって何？

　「**クラス**」とは、簡単にいうと「**関連する変数やメソッドをまとめたもの**」です。MainActivity.kt を見ると「**class MainActivity**」と書いてありますね。この class という文字がクラスであることの目印で、「MainActivity クラス」も「MainActivity に関するコードがまとまっている場所」ということです。同じように「R クラス」は、リソースに関するコードがまとめられています。Android 開発ではこのクラスを組み合わせながら、アプリを作っていきます。

1-3-3 ボタンを何回タップした？

「水をあげる」ボタンをタップした回数を数えて表示するには「ボタンを押したら○○する」という処理が必要です。ここで使うのが**クリックリスナー**です。クリックリスナーは「**ボタンがタップされたことを検知してコードを実行する**」機能です。

MainActivity.kt に 19 〜 23 行目のコードを追加します。

Code **1-3-4** MainActivity.kt

```
9   class MainActivity : AppCompatActivity() {
10      override fun onCreate(savedInstanceState: Bundle?) {
```

```
17          val resetBtn: Button = findViewById(R.id.resetBtn)
18
19          var count = 0          ● ボタンを押した回数を数える
20          waterBtn.setOnClickListener{
21              count++            ● 回数に「1」を加える        「水をあげる」ボタンが押
22              messageView.text = "$count"                      されたら実行されるコード
23          }
24      }
25  }
```

クリックリスナーの仕組み

クリックリスナーは、下のようにコードを書きます。ボタンが押されたことを検知すると、指定されたコードを実行します。

●クリックリスナーの書き方

```
1   ボタン.setOnClickListener {
2                                  ● この部分に書かれたコードを実行する
3   }
```

●クリックリスナーの流れ

1-3-4 アプリを実行してみよう

それでは「▶」ボタンを押してエミュレータでアプリを実行してみましょう。「水をあげる」ボタンを押すたびに表示される数字が増えていけば成功です！

図1-3-6 画面上の数字が増えていく

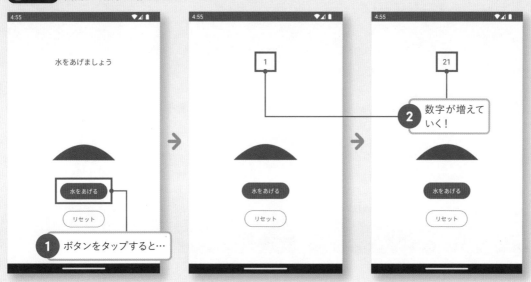

Check Point

ボタンを押しても
何も起こらない！

ボタンのid名は正しいか、もう一度確認しましょう。

Check Point

カウントが0のままで
更新されない！

「count++」を書いているか、確認しましょう。

51

SECTION 1-4 | 植物が育っていく様子を再現しよう

「水をあげる」ボタンを押していくことで植物が育っていくように、機能を追加しましょう。

1-4-1 画像とメッセージを切り替えよう

「水をあげる」ボタンをタップした回数にあわせて、次のようにメッセージと画像を切り替えましょう。

表 1-4-1 回数ごとに表示する画像とメッセージ

回数	画像	メッセージ
0	f0.png	水をあげましょう
1~19	f0.png	どんどん水を注ぎましょう！
20~39	f1.png	まだまだです！
40~59	f2.png	何が咲くでしょう？
60~79	f3.png	成長してきました！
80~99	f4.png	もう少しです！
100	f5.png	花が咲きました！

花を咲かすには
100回ボタンを
押さないとだね

植物栽培っての
はそれだけ大変
なんだ！

先ほど書いた **messageView.text = "$count"** の行を削除してコードを書き換えます。たくさんコードを書いていますが、ボタンを押した回数によってメッセージと画像を切り替えているだけです。

Code `1-4-1` MainActivity.kt

```
9   class MainActivity : AppCompatActivity() {
10      override fun onCreate(savedInstanceState: Bundle?) {

19          var count = 0
20          waterBtn.setOnClickListener{
21              count++
                messageView.text = "$count"  ●── 削除する
22              when (count) {
23                  in 1 .. 19 -> {
24                      messageView.text = getString(R.string.message0)
25                      flowerImage.setImageResource(R.drawable.f0)
26                  }
27                  in 20..39 -> {
28                      messageView.text = getString(R.string.message1)
29                      flowerImage.setImageResource(R.drawable.f1)
30                  }
31                  in 40..59 -> {
32                      messageView.text = getString(R.string.message2)
33                      flowerImage.setImageResource(R.drawable.f2)
34                  }
35                  in 60..79 -> {
36                      messageView.text = getString(R.string.message3)
37                      flowerImage.setImageResource(R.drawable.f3)
38                  }
39                  in 80..99 -> {
40                      messageView.text = getString(R.string.message4)
41                      flowerImage.setImageResource(R.drawable.f4)
42                  }
43                  else -> {
44                      messageView.text = getString(R.string.message5)
45                      flowerImage.setImageResource(R.drawable.f5)
46                  }
47              }
48          }
49      }
50  }
```

回数が1〜19の場合

回数が20〜39の場合

回数が40〜59の場合

回数が60〜79の場合

回数が80〜99の場合

回数が100以上の場合

1-4-2 エミュレータで確認しよう

ここでアプリを実行して、画像とメッセージが切り替わるか確認してみましょう。

図 1-4-1 画像とメッセージを切り替える

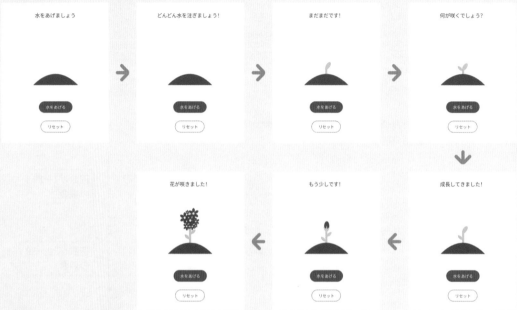

条件分岐について

プログラミングでは「もし○○なら、△△する」と条件によって処理を分ける、「**条件分岐**」のコードをたくさん書きます。最もシンプルなのが、「**if 文**」や「**if ～ else 文**」です。条件がたくさんある場合に便利なのが「**when 文**」です。

●if～else文

```
1  if ( もし値が～なら ) {
2      // 実行するコード
3  } else {
4      // それ以外の場合
5  }
```

●when文

```
1  when (値) {
2      値が A の場合 -> {
3          // 実行するコード
4      }
5      値が B の場合 -> {
6          // 実行するコード
7      }
8      else -> {
9          // 上記以外の場合
10     }
11 }
```

54

SECTION
1-5 | ボタンの表示と非表示を切り替えよう

1-5-1　はじめは「リセット」ボタンを隠しておこう

最初から「リセット」ボタンが表示されていると「水をあげる」ボタンと間違えてタップしてしまうかもしれません。花が咲くまでリセットボタンは非表示にしておきましょう。

ビューの表示／非表示を設定するには、**android:visibility 属性**を使います。**visible**（表示）／**invisible**（非表示）／**gone**（消す）の3種類の指定ができます。

activity_main.xml を開いて、次のコードを追加しましょう。

Code　1-5-1　activity_main.xml

```
31  <Button
32      android:id="@+id/resetBtn"
33      android:layout_width="wrap_content"
34      android:layout_height="wrap_content"
35      style="@style/Widget.Material3.Button.OutlinedButton"
36      android:text="@string/btn_reset"
37      android:layout_marginTop="20dp"
38      android:visibility="invisible" />      ● ─ 追加
```

1-5-2　花が咲いたら「リセット」ボタンを表示しよう

花が咲いたら「水をあげる」ボタンを非表示にして「リセット」ボタンを表示しましょう。MainAcivity.kt を開いて47、48行目を追加します。

Code　1-5-2　MainAcivity.kt

```
44          else -> {
45              messageView.text = getString(R.string.message5)
46              flowerImage.setImageResource(R.drawable.f5)
47              waterBtn.visibility = View.INVISIBLE     ┐
48              resetBtn.visibility = View.VISIBLE       ┘─ 追加
49          }
50      }
```

アプリを実行してボタンの表示と非表示を確認してみましょう。

図 1-5-1 ボタンの表示と非表示が切り替わる

スタートしたとき

水をあげましょう

水をあげる

終了したとき

花が咲きました!

リセット

花が咲いたらリセットできるようにするんだね

1-6 | リセットボタンを
作ろう

花が咲いたらもう一度最初から植物を育てられるように「リセット」ボタンに機能をつけましょう。ここでもクリックリスナーを使ってコードを書きます。

「リセット」ボタンを押したときにすることは、次の通りです。

- メッセージを「水をあげましょう」に変更する
- 画像を最初の「土だけが表示された画像」（f0.png）に変更する
- count を 0 にする
- 「水をあげる」ボタンを表示して「リセット」ボタンを非表示にする

1-6-1 リセットボタンの機能を追加しよう

MainActivity.kt を開いて次のコードを追加します。

Code **1-6-1** MainActivity.kt

```
10  class MainActivity : AppCompatActivity() {
11      override fun onCreate(savedInstanceState: Bundle?) {

21          waterBtn.setOnClickListener{

51          }
52
53          resetBtn.setOnClickListener {
54              count = 0
55              messageView.text = getString(R.string.message)
56              flowerImage.setImageResource(R.drawable.f0)
57              waterBtn.visibility = View.VISIBLE
58              resetBtn.visibility = View.INVISIBLE
59          }
60      }
61  }
```

カウントを0に戻す

テキストを「水をあげましょう」にする

花が咲く前の画像「f0.png」を設定

「水をあげる」ボタンを表示する

「リセット」ボタンを非表示にする

1-6-2 エミュレータで確認しよう

アプリを実行して動作を確認してみましょう。

図 1-6-1 「リセット」ボタンをタップしてスタート時点にもどす

リセットボタンをタップすると
スタート時点の画面に戻る

これで何度でも
植物を育てられ
るね！

1つ目のアプリ
が完成だ！おつ
かれ！

Chapter

2

感動的な画像を作ろう！
エモーショナル写真集

Chapter 2

この章で作成するアプリ

この章で作るのは、セピア色に加工した雰囲気のある画像を、偉人の名言とともに表示するアプリです。どこか懐かしさを誘う画像を眺めて、いつでも手軽に感傷に浸ることができます。

Check!

名言と画像の表示

セピア色の画像をバックに、胸を打つ偉人たちの名言を表示します

Check!

スライドショー

左右のボタンで名言と画像を次々に切り替えられます

Roadmap
ロードマップ

Point
―この章で学ぶこと―

 「ConstraintLayout」では配置のルールを決めて画面を作る!

 コードを簡単に書くためには「ViewBinding」を設定する!

 リストを使って名言と画像を切り替える!

Go next page! →

SECTION 2-1 | プロジェクトを準備しよう

2-1-1 新しいプロジェクトを作成しよう

第1章と同じように、新しいプロジェクトを作成しましょう。設定は次のように入力します。

図 2-1-1 新しいプロジェクトを設定する

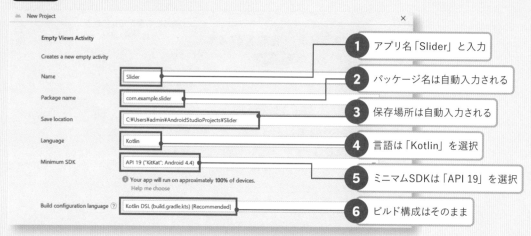

1. アプリ名「Slider」と入力
2. パッケージ名は自動入力される
3. 保存場所は自動入力される
4. 言語は「Kotlin」を選択
5. ミニマムSDKは「API 19」を選択
6. ビルド構成はそのまま

2-1-2 アプリに表示する画像を用意しよう

アプリに表示する画像は、ダウンロードファイルのものを使います。第1章と同じ手順で、画像ファイルを「**drawable**」フォルダに置きましょう（31ページ）。

図 2-1-2 アプリで使う画像を「drawable」フォルダに置く

1. 「picture」フォルダからコピー

2. 反映されていればOK

2-1-3 ボタンに使うアイコンを用意しよう

アプリでユーザーが押すボタンのアイコン画像を用意しましょう。
Android Studio 画面左側の「**Resource Manager**」を開いて次のように操作します。

図 2-1-3 Resource Managerを開いてアイコン画像を用意する

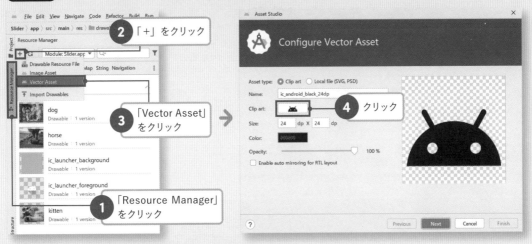

　検索ボックスが表示されるので「**chevron**」と入力し、「**chevron left**」を選択して「**OK**」をクリックします。次の画面ではアイコンのサイズや色を設定できます。そのまま「**Next**」をクリックします。

図 2-1-4 「chevron left」アイコンを選択する

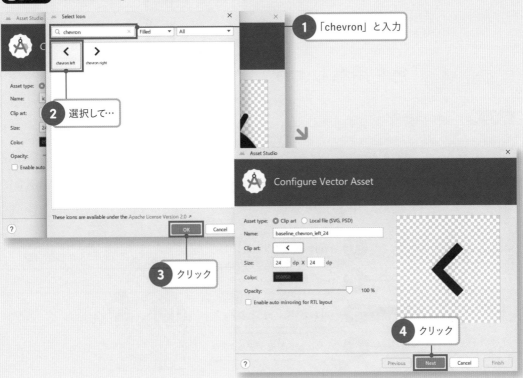

最後に、「**Finish**」をクリックすると Resource Manager にアイコン画像が追加されます。同じ手順で「**chevron right**」アイコンも追加してください。

図 2-1-5 追加したアイコンが表示された

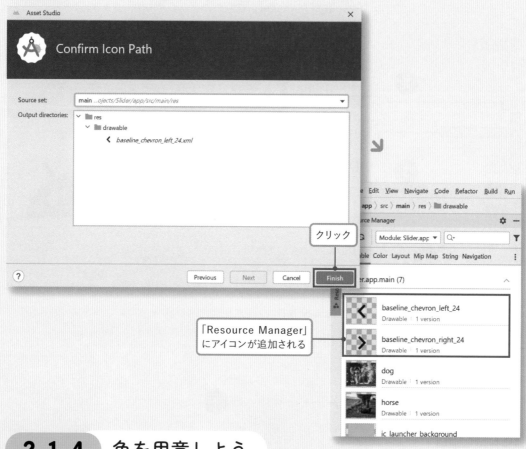

2-1-4　色を用意しよう

図 2-1-6 colors.xmlを開く

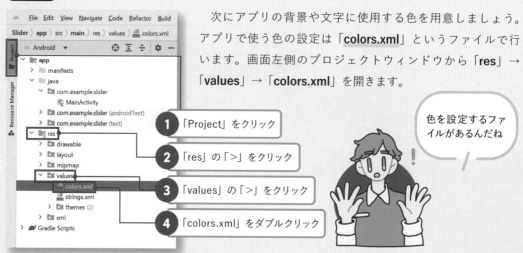

次にアプリの背景や文字に使用する色を用意しましょう。アプリで使う色の設定は「**colors.xml**」というファイルで行います。画面左側のプロジェクトウィンドウから「**res**」→「**values**」→「**colors.xml**」を開きます。

1 「Project」をクリック

2 「res」の「>」をクリック

3 「values」の「>」をクリック

4 「colors.xml」をダブルクリック

色を設定するファイルがあるんだね

colors.xml をエディタで開いたら、次のコードを追加します。

Code `2-1-1` colors.xml

```xml
1  <?xml version="1.0" encoding="utf-8"?>
2  <resources>
3      <color name="black">#FF000000</color>
4      <color name="white">#FFFFFFFF</color>
5
6      <color name="black90">#90000000</color>
7      <color name="white60">#60FFFFFF</color>
8  </resources>
```

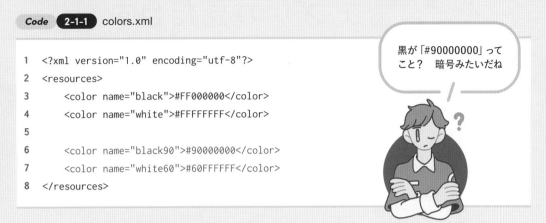

黒が「#90000000」って
こと？　暗号みたいだね

色は「#90000000」のように **HEX 値**と呼ばれる値を設定します。この値を自分で計算するのは大変なため、**カラー選択ツール**を使うとよいでしょう。colors.xml に表示されている色見本をクリックすれば、手軽に HEX 値を取得することができます。

図 2-1-7 カラー選択ツール

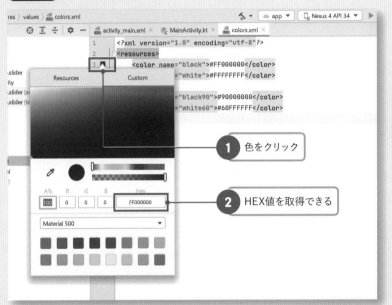

1 色をクリック

2 HEX値を取得できる

ツールを使えば
簡単に色を指定
できるぞ！

HEX値って何？

色を指定する形式の1つに「**RGB**」というものがあります。「R」はレッド（赤）、「G」はグリーン（緑）、「B」はブルー（青）を指していて、それぞれ 0 〜 255 の数値を指定して色を決めます。これに加えて、色の透過度を指定するのが A（アルファ）です。この RGB と Aの数値を「**0 〜 9 の数値と A 〜 F のアルファベット**」で表したものが HEX 値です。

SECTION 2-2 アプリの見た目を作ろう

2-2-1 ConstraintLayoutとは？

　第1章ではアプリのレイアウトとして、ビューを一列に並べる LinearLayout を使いました。今回は「**ConstraintLayout**」を使ってみましょう。「Constraint」は簡単にいえば「制約（ルール）」という意味で、**ビューを配置するルールを設定する**レイアウト方法です。

図 2-2-1 ビューを配置するルールの例

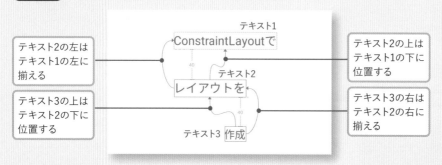

テキスト2の左はテキスト1の左に揃える	テキスト2の上はテキスト1の下に位置する
テキスト3の上はテキスト2の下に位置する	テキスト3の右はテキスト2の右に揃える

2-2-2 レイアウトに画像を配置しよう

1 Designタブの使い方を学ぼう

　それでは **activity_main.xml** を開いて、アプリ画面を作っていきましょう。今回は ConstraintLayout と相性がよい「**Design**」タブを使っていきます。左側のプロジェクトウィンドウは「Project」をクリックして閉じてしまいましょう。

図 2-2-2 Designタブを開く

1 「activity_main.xml」をクリック
2 「Design」をクリック
3 「Project」をクリックして閉じる

画面が切り替わったら、「**Select Design Surface**」ボタンをクリックし、「**Design**」をクリックしておきましょう。

図 2-2-3 プレビューの表示形式を変える

Design タブでは、左側の「**パレット**」にあるビューを、画面中央のレイアウト画面にドラッグ＆ドロップで置いていきます。右側の「**属性ウィンドウ**」では、ビューの属性を設定することができます。ビューの追加や選択には、画面左下にある「**コンポーネントツリー**」を使うと便利です。

図 2-2-4 コンポーネントツリーの使い方

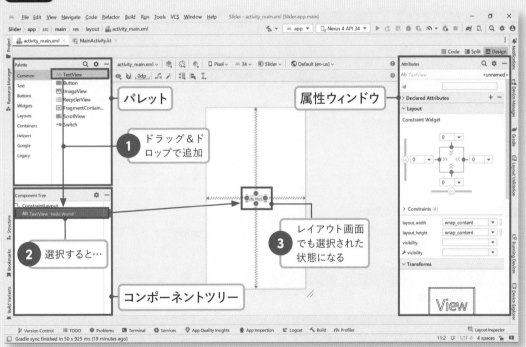

2 不要なコードを削除しよう

あらかじめ表示されている「**Hello World!**」のテキストは削除しましょう。コンポーネントツリーにあるテキストビューをクリックして［**Delete**］キーを押します。

図 2-2-5 「Hello World!」のテキストを削除する

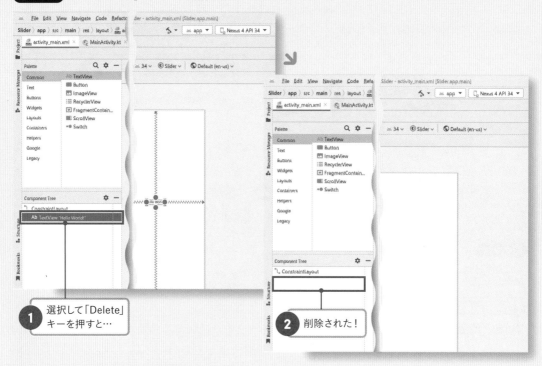

1 選択して「Delete」キーを押すと…

2 削除された！

3 画像を追加しよう

まずは画像を表示するために、イメージビューを追加しましょう。

図 2-2-6 イメージビューを追加する

1 「Common」をクリック

2 ドラッグ&ドロップで移動

パレットの「**Common**」をクリックして、「**ImageView**」をコンポーネントツリーにドラッグ & ドロップで移動します。

ビューの追加が直感的にできるからわかりやすいね

レイアウトに画像が追加されます。コンポーネントツリーを見ると「**imageView**」の横に赤い「！」マークがついています。これは画像（ImageView）の配置ルールを設定していないためです。

図 2-2-7 警告の「!」マークが表示されている

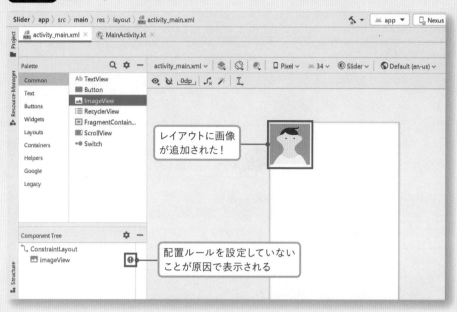

4 配置ルールを追加しよう

コンポーネントツリーにある「imageView」をクリックし、選択した状態にすると、レイアウト画面にある**画像の上下左右4箇所に「○」マークが表示されます**。このマークは「**画像の上下左右がどこに位置するのか**」を決めるために使います。

図 2-2-8 画像の上下左右に「○」マークが表示される

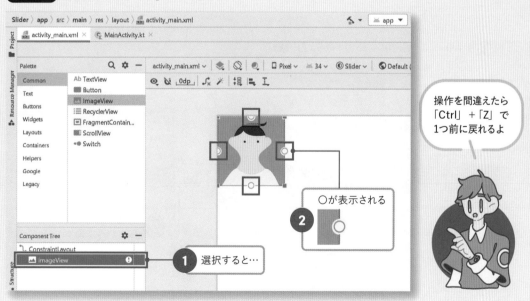

図 2-2-9 下側の「〇」マークをレイアウトの下に引っ張る

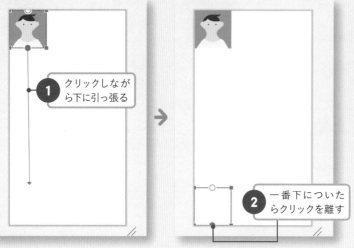

まずは画像の下側にある「〇」マークをクリックしながら、レイアウトの下まで引っ張ります。一番下にくっついたらクリックを離します。

図 2-2-10 上側の「〇」マークをレイアウトの上に引っ張る

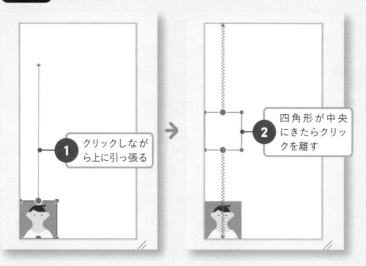

次は上の「〇」マークをクリックして、レイアウトの上に引っ張ります。中央にきたらクリックを離します。

レイアウトの上端と下端に「〇」マークを紐づけると、上下中央の位置に画像が配置されます。

図 2-2-11 右側の「〇」マークをレイアウトの右に引っ張る

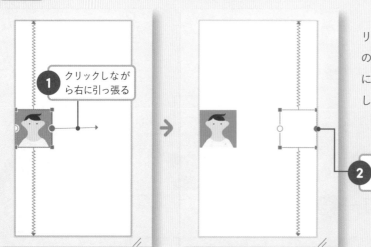

次は右の「〇」マークをクリックしながら、レイアウトの右に引っ張ります。一番右にくっついたらクリックを離します。

図 2-2-12 左側の「○」マークをレイアウトの左に引っ張る

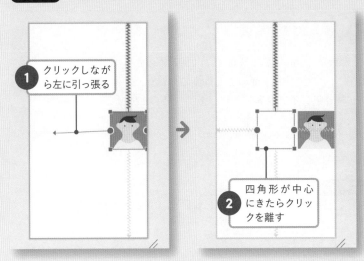

①　クリックしながら左に引っ張る

②　四角形が中心にきたらクリックを離す

同じように左の「○」マークをクリックして、レイアウトの左へ引っ張ります。中心にきたらクリックを離します。

　上下左右のマークすべてをレイアウトの端にくっつけると、レイアウトの中央に画像が配置されます。属性ウィンドウの「**Layout**」を見ると画像の上下左右が「**parent**」という箇所につながっていることが確認できます。

図 2-2-13 画像がレイアウトの中央に配置された

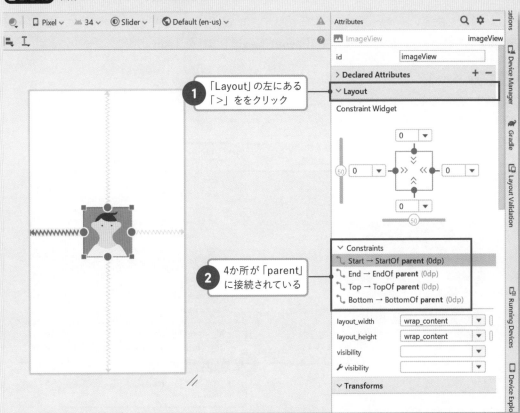

①　「Layout」の左にある「>」ををクリック

②　4か所が「parent」に接続されている

親レイアウトについて

　「parent」は「親」という意味ですが、これははじめに設定したレイアウトである「ConstraintLayout」を指しています。アプリ画面の最も外側にあたり、すべてのビュー要素の大枠となっているレイアウトを「**親レイアウト**」と呼びます（第1章では LinearLayout が親レイアウトでした）。

● 親レイアウト

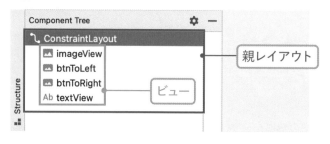

5　画像のサイズを設定しよう

　次に画像が画面いっぱいに広がるようにサイズを変更します。属性ウィンドウの「**Declared Attributes**」にある「**layout_width**」と「**layout_height**」属性を「**0dp**」（※ 1）に変更します。

図 2-2-14　画像がレイアウト画面いっぱいに広がる

※ 1　幅と高さを 0dp にしたのに、なぜ画像が大きくなるのかと不思議に思うかもしれません。ConstraintLayout では「0dp」は「制約（ルール）に合致する」という意味で使われます。親レイアウトである ConstraintLayout のサイズは match_parent で画面いっぱいに広がる設定になっているので、画像も ConstraintLayout の制約にあわせて画面いっぱいに広がります。

6 画像の外側の背景色を変更しよう

　検索ボックスで「**background**」と検索して「**@color/black**」を設定します。colors.xml ファイルにあらかじめ用意されていた色を指定しています。

図 2-2-15 画像の外側が黒になる

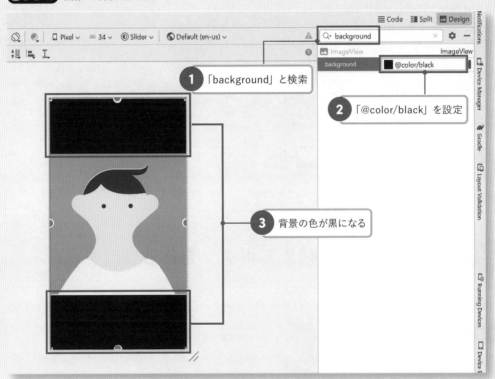

7 画像の説明がない警告を無視する

　コンポーネントツリーを見ると黄色い「！」マークがついています。これは第 1 章でも使った **contentDescription** 属性がないためです（41 ページ）。この属性は、設定しなくても警告が表示されないように無視することもできます。

図 2-2-16 警告を無視する

　属性ウィンドウの「虫眼鏡」のマークをクリックすると、検索ボックスが表示されます。「**ignore**」と検索し、「**contentDescription**」と入力します。

これで画像の設定は完成です。属性ウィンドウの設定が下と同じかどうかを確認してください。間違えている箇所がある場合はクリックして直接編集することもできます。

図 2-2-17 画像の設定のお手本

クリックすると編集できる

1 画像ボタンを追加しよう

図 2-2-18 イメージボタンビューを追加する

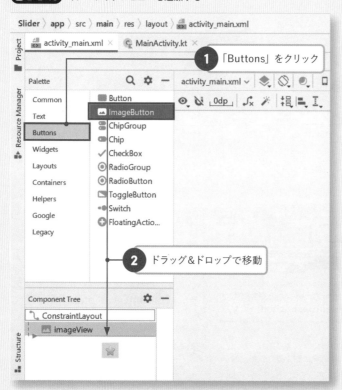

1 「Buttons」をクリック

2 ドラッグ&ドロップで移動

第1章ではテキストのボタンを「**Button**」ビューとして用意しました。今回はボタンに画像を表示するので「**ImageButton（イメージボタン）**」ビューを使います。パレットの「**Buttons**」項目を開いて「**ImageButton**」をコンポーネントツリーにドラッグ&ドロップします。

2 ボタンの画像を変更しよう

最初に用意したアイコン画像を ImageButton に表示しましょう。コンポーネントツリーにある「ImageButton」をクリックして選択された状態にします。

属性ウィンドウにある src 属性に **@drawable/baseline_chevron_left_24** と入力します。

図 2-2-19 画像を変更する

3 id属性で名前をつけよう

属性ウィンドウの id 属性を「**btnToLeft**」に変更して［**Enter**］キーを押します。

図 2-2-20 アイコンのid属性を設定する

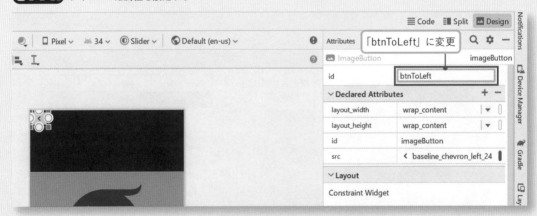

新しい id 属性に書き換えるための確認が表示されるので、「**Refactor**」をクリックします。

図 2-2-21 id属性を書き換える確認画面

これで裏側のコードが自動で書き換わるぞ

クリック

4 ボタンのサイズを決めよう

属性ウィンドウで「**layout_width**」（幅）と、「**layout_height**」（高さ）属性を、それぞれ「**48dp**」に変更します。マテリアルデザインには「タップできるビューのサイズは 48dp 以上にする」というルールがあるためです。

図 2-2-22 ボタンの高さと幅を設定する

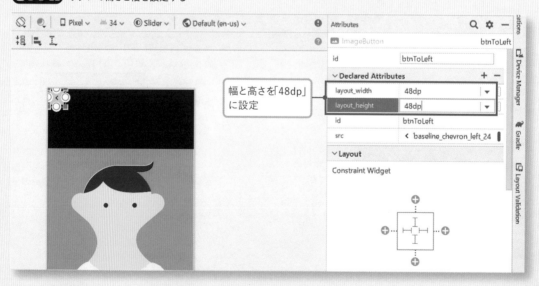

幅と高さを「48dp」に設定

5　ボタンの配置ルールを追加しよう

　ボタンの配置ルールを追加します。このボタンは画面左端の上下真ん中の位置に表示するので、まずは上下左の「○」マークをそれぞれ親レイアウトの端にくっつけます。右側はそのままにします。

図 2-2-23 ボタンの配置ルールを設定する

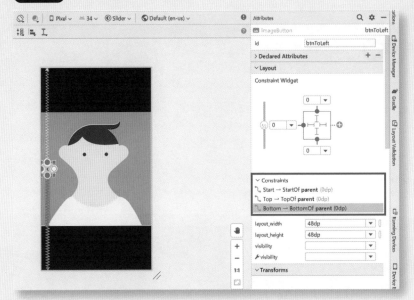

6　ボタンの説明

　イメージボタンは、万が一画像が表示されなかった場合、何のボタンなのかがわからなくなってしまいます。contentDescription 属性は無視せずに追加しましょう。属性ウィンドウの検索ボックスで「**contentDescription**」と検索し、contentDescription 属性の右端にあるアイコンをクリックします。

図 2-2-24 ボタンの説明を追加する①

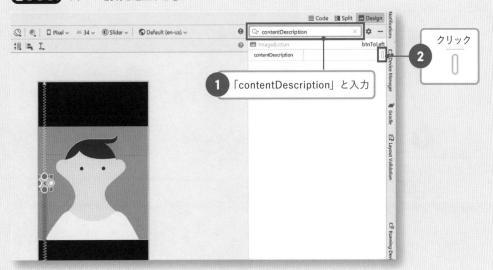

設定の画面が表示されるので、左上の「+」マークをクリックして、「**String Value**」をクリックします。

図 2-2-25 ボタンの説明を追加する②

図 2-2-26 ボタンの説明を追加する③

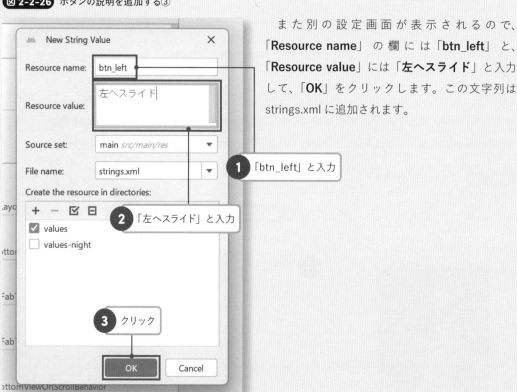

また別の設定画面が表示されるので、「**Resource name**」の欄には「**btn_left**」と、「**Resource value**」には「**左へスライド**」と入力して、「**OK**」をクリックします。この文字列はstrings.xml に追加されます。

続いて表示される画面では、追加した「**btn_left**」を選択して「**OK**」をクリックします。

図 2-2-27 ボタンの説明を追加する④

7　ボタンの背景色を変更しよう

ボタンの背景色を変更します。属性ウィンドウの検索ボックスで「**background**」と検索して、「**@color/white60**」と入力します。

図 2-2-28 ボタンの背景が半透明になる

❽ 左向きボタンが完成！

これで、左向きボタンは完成です。属性はそれぞれ画像のようになっています。

図 2-2-29 左向きボタンの設定のお手本

id	btnToLeft
∨ Declared Attributes	+ −
layout_width	48dp
layout_height	48dp
layout_constraintBottom_toBott...	parent
layout_constraintStart_toStartOf	parent
layout_constraintTop_toTopOf	parent
background	@color/white60
contentDescription	@string/btn_left
id	btnToLeft
src	‹ @drawable/baseline_chevron_left_24
› Layout	

❾ 右向きボタンを追加しよう

同じ手順で右向きのボタンを追加してみましょう。設定は次のようにします。

図 2-2-30 右向きボタンの設定のお手本

id	btnToRight
∨ Declared Attributes	+ −
layout_width	48dp
layout_height	48dp
layout_constraintBottom_toBott...	parent
layout_constraintEnd_toEndOf	parent
layout_constraintTop_toTopOf	parent
background	@color/white60
contentDescription	@string/btn_right
id	btnToRight
src	› @drawable/baseline_chevron_right_24
› Layout	

表 2-2-1 右向きボタンの設定

src	@drawable/baseline_chevron_right_24
制約	上下右を親レイアウトに接続する （左は接続しない）
id	btnToRight
contentDescription	Resource name：btn_right Resource value：右へスライド

2-2-4　名言テキストを追加しよう

1　テキストを追加しよう

図 2-2-31　テキストビューを追加する

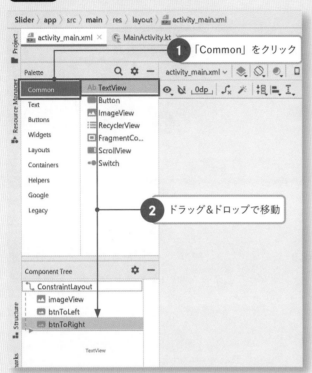

ここからは名言を表示するテキストを追加していきます。パレットの「**Common**」にある「**TextView**」をコンポーネントツリーにドラッグ＆ドロップで移動してください。

2　文字の色を変更しよう

文字が見えにくいので色を変更しましょう。属性ウィンドウの検索ボックスに「**textColor**」と入力して「**@color/white**」と入力します。

図 2-2-32　テキストの色を白にする

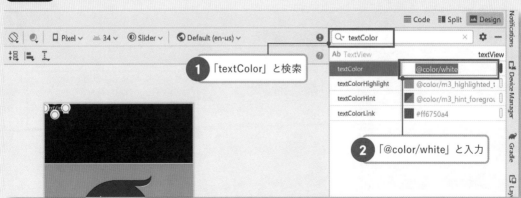

3 背景の色を変更しよう

同じく「**background**」も検索ボックスから探して「**@color/black90**」にします。

図 2-2-33 テキストの背景の色を黒にする

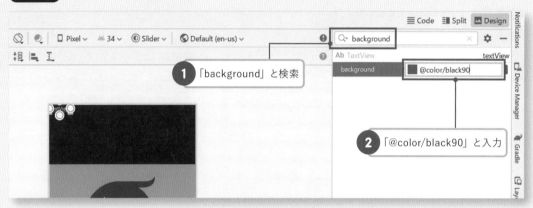

4 制約を追加

他のビューと同じように、テキストの上下は親レイアウトに紐づけます。左右は親レイアウトに紐づけると、先ほど追加したボタンとテキストが重なってしまうため、「**テキストの左側は左側のボタンの右側**」そして「**テキストの右側は右側のボタンの左側**」にそれぞれ紐づけます。

図 2-2-34 テキストの配置ルールを決める

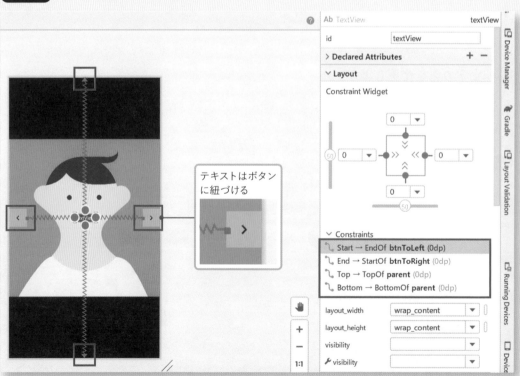

5 幅を決める

名言の長さによってテキストの幅が変わらないように固定しておきましょう。属性ウィンドウの「layout_width」を「0dp」にします。

図 2-2-35 テキストの幅を固定する

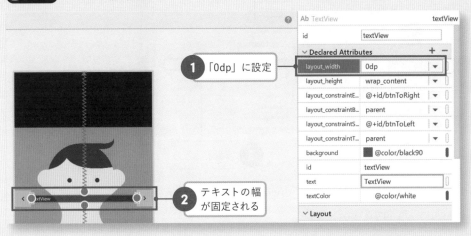

6 外側に余白をつける

現時点では、テキストとボタンが隙間なく接しているので、「margin」属性を設定して、余白を追加しましょう。属性ウィンドウの「Layout」にある左右のボックスに「16」と入力します。

図 2-2-36 テキストの外側に余白をつける

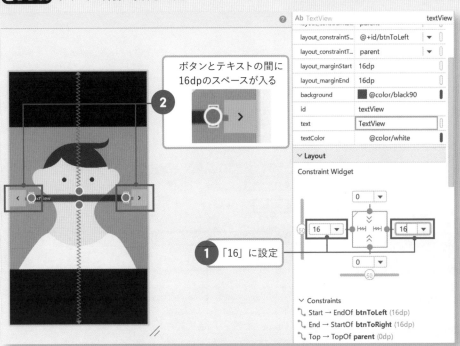

7 内側に余白をつける

属性ウィンドウの検索ボックスで「**padding**」属性を検索して、「**8dp**」と入力します。

図 2-2-37 テキストの内側に余白をつける

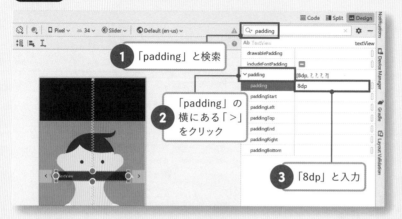

図 2-2-38 marginとpaddingの違い

margin はビューの外側に余白をつけるものでしたが、**padding はビューの内側に余白をつける**ことができます。

8 書体を変える

偉人の名言は斜体にして雰囲気を変えてみましょう。属性ウィンドウの検索ボックスで「**textStyle**」属性を検索して、「**italic**」にチェックを入れます。

図 2-2-39 書体を斜体(italic)に変える

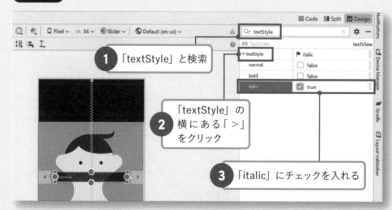

9 仮のテキストを表示する

図 2-2-40 警告が出ている

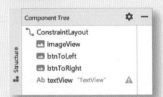

Component Tree にある textView に黄色い！マークがついています。これは表示するテキストを strings.xml ファイルを使わずに書いていることが原因です。表示する名言はボタンを押すと切り替わる仕組みなので、ここでは仮のテキストを表示しておきましょう。

図 2-2-41 仮テキストを設定する

属性ウィンドウの「**Common Attributes**」に text 属性が2つあります。アイコンがない入力欄は「**空白**」にし、アイコンがある入力欄には「**TextView**」と入力します。アイコンがある入力欄に書いたテキストは、開発中のプレビュー画面にだけ表示されます。

10 テキストの設定のお手本

これでテキストは完成です。一致しない項目がある場合は修正しておきましょう。

図 2-2-42 テキストの設定のお手本

id	textView		
∨ Declared Attributes		+	−
layout_width	0dp	⏐▼	
layout_height	wrap_content	⏐▼	
layout_constraintEnd_toStartOf	@+id/btnToRight	⏐▼	
layout_constraintBottom_toBottomOf	parent	⏐▼	
layout_constraintStart_toEndOf	@+id/btnToLeft	⏐▼	
layout_constraintTop_toTopOf	parent	⏐▼	
layout_marginStart	16dp		
layout_marginEnd	16dp		
background	■ @color/black90		
id	textView		
padding	8dp		
⚡ text	TextView		
textColor	@color/white		
﹥ textStyle	⚑ italic		

2-3 | スライダー機能を 作ろう

ここからは、ボタンを押すと**画像と名言が切り替わるスライダー機能**を作っていきましょう。

2-3-1 コードを簡単に書けるようにしよう

その前に、Android Studio には「**ViewBinding**（ビューバインディング）」という機能が用意されています。詳しい仕組みは割愛しますが、ViewBinding を使うと、第1章で登場した findViewById メソッドを使わずに、コードを簡単に書くことができます。この章からは ViewBinding を使ってみましょう。

図 2-3-1 build.gradle.kts (Module :app)を開く

画面左端にあるプロジェクトウィンドウを開き、「Gradle Scripts」→「**build.gradle.kts (Module :app)**」をダブルクリックします。

build.gradle.kts (Module :app) がエディタで開くので、次のコードを追加します。

Code **2-3-1** build.gradle.kts (Module :app)

```
8   android {
```
〜〜〜〜〜〜〜〜〜〜〜〜〜〜〜〜〜〜〜
```
36      buildFeatures {
37          viewBinding = true
38      }
39  }
40
41  dependencies {
```

> この設定をしておくとコードが短く書けるようになるぞ

コードを追加すると、画面右上に「**Sync Now**」という表示が出るのでクリックします。

図 2-3-2 「Sync Now」の表示が出る

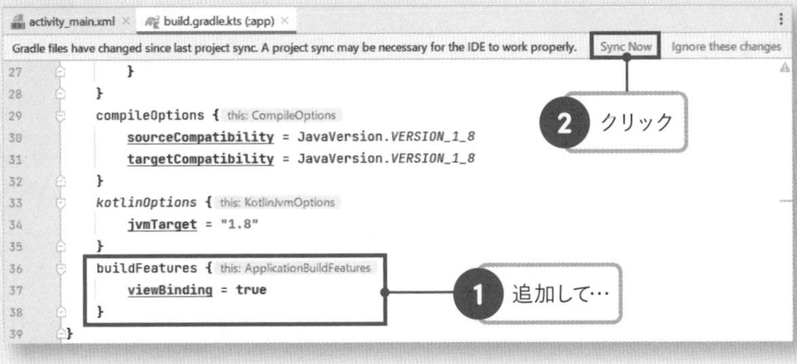

次に、MainActivity.kt を開いて、次のようにコードを修正します。

Code **2-3-2** MainActivity.kt

```
4    import android.os.Bundle
5    import com.example.slider.databinding.ActivityMainBinding  ── 自動的に追加される
6
7    class MainActivity : AppCompatActivity() {
8
9        private lateinit var binding: ActivityMainBinding
10
11       override fun onCreate(savedInstanceState: Bundle?) {
12           super.onCreate(savedInstanceState)
             setContentView(R.layout.activity_main)  ── 削除
13           binding = ActivityMainBinding.inflate(layoutInflater)
14           setContentView(binding.root)
15       }
16   }
```

この設定をしておくと、

```
1    val textView: TextView= findViewById(R.id.textView)
2    textView.text = " こんにちは "
```

と書いていたコードを、次のように 1 行で書けるようになります。

```
1    binding.textView.text = " こんにちは "
```

　MainActivity.kt を開いて、10 〜 17 行目を追加します。画像と名言はそれぞれ「**リスト**」と呼ばれる箱のようなものに入れていきます。

Code **2-3-3** MainActivity.kt

```
7   class MainActivity : AppCompatActivity() {
8
9       private lateinit var binding: ActivityMainBinding
10      private var position = 0        ← 変数positionを定義する
11
12      private val imageList = listOf(R.drawable.dog, R.drawable.horse, R.drawable.kitten)  ← 画像のリストを作る
13      private val quoteList = listOf(
14          " 準備しておこう。チャンスはいつか訪れるものだ。\n エイブラハム・リンカーン ",
15          " 楽しいから笑うのではない。笑うから楽しいのだ。\n ウィリアム・ジェームズ ",
16          " 幸せとは、健康で記憶力が悪いということだ。\n アルベルト・シュバイツァー "
17      )
```

「,」で区切った名言のリストを作る

リストって何？

　「**リスト**」とは「**データをまとめる箱**」のようなものです。リストに入れたデータのことを「**要素**」といいます。要素には 0、1、2……と順番に番号がつけられていて、この番号を使って要素を取り出します。リストには List と MutableList の 2 種類があり、あとから要素を追加／編集／削除する場合は MutableList を使います。

●リストのイメージ

0　　　　　　　　　1　　　　　　　　　2

番号は
0から数える

2-3-3 名言と画像が切り替わるようにしよう

1 ボタンを押したときの処理を作ろう

名言と画像を切り替えるための処理を書いていきましょう。MainActivity.kt の中に、「**movePosition**」メソッドを書いていきます。

Code **2-3-4** MainActivity.kt

```
7   class MainActivity : AppCompatActivity() {

19      override fun onCreate(savedInstanceState: Bundle?) {

23      }
24
25      private fun movePosition(num: Int) {
26          position += num        変数positionに引数numを加える
27
28          if (position >= imageList.size) {    positionが画像の数を超えていたら…
29              position = 0        positionを0に戻す
30          } else if (position < 0) {    positionがマイナスになったら…
31              position = imageList.size - 1
32          }                            最後のpositionにする
33
34          binding.textView.text = quoteList[position]
35          binding.imageView.setImageResource(imageList[position])    名言と画像を更新する
36      }
37  }
```

movePosition メソッドでは「画像と名言をどう切り替えるか」を決めています。具体的には「**position**」という**変数**に 1 を足したり、引いたりすることで画像を切り替えており、position に 1 を足すか引くかは「**num**」という**引数**によって決まります。また、ここで注意したいのは、position は 0 から数え始めるということです。

「変数」や「引数」って なんだろう？

次のページで 説明するぞ！

図 2-3-3 画像はpositionの値によって切り替わる

変数って何?

　繰り返し使う文字列や、あとから変更を加える値などは「**変数**」とすることができます。変数であることの目印が「**var**」「**val**」というキーワードです。変数の値をあとで変更する場合は var、変更しない場合は val を使います。変数 position は画像を切り替えるときに 0→1→2 と値が変わるので、var を使っています。

● MainActivity.kt

```
10  private var position = 0
```

引数って何?

　メソッドの処理の中で使いたい値がある場合は「**引数**」として書くことができます。例えば「こんにちは、〇〇さん」と表示するメソッドには、引数「name」を用意します。このメソッドを呼ぶときに引数を渡すことで、毎回異なる名前でメッセージを表示できます。

● 引数のイメージ

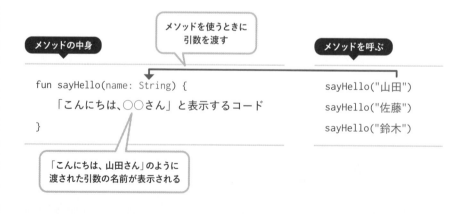

position の値が画像の数を超えてしまった場合や、マイナスになってしまった場合の処理も書いています。position が画像の数を超えた場合は、position を 0 にして、最初の「犬」の画像が表示されるようにします。position がマイナスになった場合は、最後の「猫」の画像が表示されるようにします。

図 2-3-4 positionの値が画像の数を超えた／マイナスになった場合

2 クリックリスナーを用意しよう

「左右のボタンを押したら○○する」という処理を作るため、第 1 章で紹介したクリックリスナーをセットしていきます。左右のボタンを押したら、先ほどの movePosition メソッドが呼び出されるようにします。MainActivity.kt に次のコードを追加します。

Code **2-3-5** MainActivity.kt

```
7    class MainActivity : AppCompatActivity() {
19       override fun onCreate(savedInstanceState: Bundle?) {
20           super.onCreate(savedInstanceState)
21           binding = ActivityMainBinding.inflate(layoutInflater)
22           setContentView(binding.root)
23
24           movePosition(0)
25
26           binding.btnToLeft.setOnClickListener{
27               movePosition(-1)
28           }
29           binding.btnToRight.setOnClickListener{
30               movePosition(1)
31           }
32       }
```

アプリを開いたら画像と名言が表示されるようにmovePositionを呼ぶ

左のボタンを押すとpositionから1を引く

右のボタンを押すとpositionに1を足す

それぞれのボタンにクリックリスナーをセットして movePosition メソッドを呼び出しています。左のボタンを押したら1つ前の画像を表示するので引数は -1、右向きボタンを押したら1つ後の画像を表示するので引数は1にしています。

図 2-3-5 左右のボタンから movePosition を呼び出す

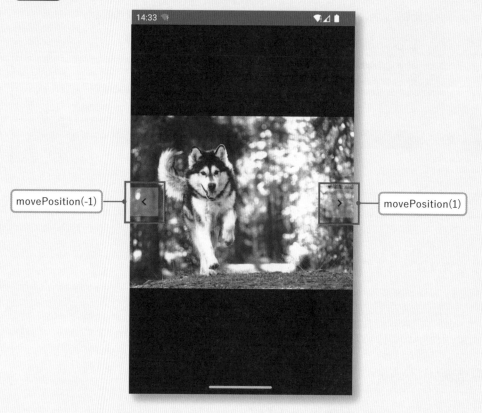

movePosition(-1)

movePosition(1)

2-3-4 アプリを実行する

ここでアプリを実行してみましょう。ボタンをタップすると画像と名言が切り替わるでしょうか？

図 2-3-6 画像と名言が切り替わる

Check Point

画面に何も表示されない！

コード 2-3-5 で「movePosition(0)」を書いているか、確認しましょう。activity_main.xml に用意した画像とテキストは、どちらも開発時のプレビュー画面にだけ表示されるもので、そのままアプリを実行しても画面には何も表示されません。最初に movePosition メソッドを呼び出すことで、アプリ画面に画像と名言が表示されるようにしています。

Check Point

「Android resource linking failed 〜」とエラーが表示される！

このエラーが表示された場合は、activity_main.xml を開いて、14 行目のコードを次のように修正します。コードが表示されていない場合は、「Code」タブを選択してエディタに表示してください。

● activity_main.xml

```
14  tools:src="@tools:sample/avatars"
```

画像をセピア加工しよう

最後に、表示される画像をセピア色に加工しましょう。

2-4-1 フィルターの用意

MainActivity.kt を開いて、21〜29 行目を追加します。

Code 2-4-1 MainActivity.kt

```
1    package com.example.slider
2
3    import android.graphics.ColorMatrix
4    import android.graphics.ColorMatrixColorFilter

9    class MainActivity : AppCompatActivity()

21       private val matrix = ColorMatrix(
22           floatArrayOf(
23               0.393f, 0.769f, 0.189f, 0f, 0f,
24               0.349f, 0.686f, 0.168f, 0f, 0f,
25               0.272f, 0.534f, 0.131f, 0f, 0f,
26               0f, 0f, 0f, 1f, 0f
27           )
28       )
29       private val filter = ColorMatrixColorFilter(matrix)
30
31       override fun onCreate(savedInstanceState: Bundle?) {
```

画像をセピア色にしたら、雰囲気が出るね！

　ここでは「**ColorMatrix**」クラスを使って、画像をセピア色に加工するフィルターを用意しています。「**行列**」という考え方を使ったコードで解説は割愛しますが、興味のある方は公式ドキュメント（※2）を参照してみてください。計算方法が紹介されています。

※2　https://developer.android.com/reference/kotlin/androidx/compose/ui/graphics/ColorMatrix

2-4-2　フィルターをセット

画像を切り替えるタイミングでフィルターをセットします。

Code `2-4-2` MainActivity.kt

```
46      private fun movePosition(num: Int) {
```
〜〜〜〜〜〜〜〜〜〜〜〜〜〜〜〜〜〜〜〜〜〜〜〜〜〜〜〜〜〜〜〜〜
```
56          binding.imageView.setImageResource(imageList[position])
57          binding.imageView.colorFilter = filter
58      }
59  }
```

2-4-3　アプリを実行

アプリを実行してセピア色になるか確認してみましょう。

図 2-4-1 画像がセピア色になる

これで完成！
よくがんばった
ぞ！

Chapter

3

高速「寿限無」言えるかな？
早口言葉の達人

Chapter 3

この章で作成するアプリ

この章で作るのは、人工音声を使った「早口言葉の練習アプリ」です。
練習したい早口言葉を自由に入力でき、読み上げるスピードを
「簡単」「普通」「達人」の3段階で選べます。

Check!

早口言葉を入力

読み上げたい早口言葉を自由に入力できます

じゅげむ じゅげむ ごこうのすりきれ かいじゃりすいぎょの すいぎょうまつ うんらいまつ ふうらいまつ くうねるところにすむところ やぶらこうじのぶらこうじ ぱいぽぱいぽ ぱいぽのしゅーりんがん しゅーりんがんのぐーりんだい ぐーりんだいのぽんぽこぴーの ぽんぽこなーの ちょうきゅうめいのちょうすけ

達人　普通　簡単

Check!

ボタンでモード選択

再生する速度を3段階に切り替えられます

Roadmap
ロードマップ

SECTION 3-1 プロジェクトを準備しよう
> P100

下ごしらえの済んだ
プロジェクトを使うぞ！

SECTION 3-2 アプリの見た目を作ろう
> P103

ポイントはテキストの入力欄
と3つのボタンだ！

SECTION 3-3 早口言葉を再生しよう
> P121

ボタンを押すと早口言葉を
再生できるようにするぞ！

FIN

Point
── この章で学ぶこと ──

☑ 縦長・横長の画面に対応したアプリを作る！

☑ ユーザーに入力してもらうにはEditTextを使う！

☑ TextToSpeechを使って合成音声を再生する！

Go next page! →

SECTION 3-1 | プロジェクトを準備しよう

この章からは、**あらかじめ下ごしらえの済んだプロジェクトのファイルを使って開発を進めていきます**。「strings.xml」（32 ページ）と「ViewBinding」（86 ページ）の設定を済ませたプロジェクトをダウンロードファイルに用意しているので、それを使いましょう。

ダウンロードファイルを開いて、「**ch03**」フォルダにある、「**work**」フォルダを開きます。「work」フォルダの中にある「**Hayakuchi**」フォルダに、プロジェクトのファイル一式が入っています。

図 3-1-1　「Hayakuchi」フォルダ

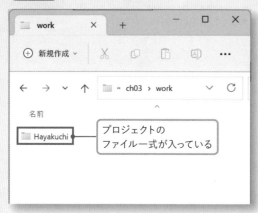

この「Hayakuchi」フォルダを「AndroidStudioProjects」フォルダにコピーしましょう。「AndroidStudioProjects」フォルダには、次の図で示すように移動します。

図 3-1-2　「AndroidStudioProjects」フォルダへの移動手順

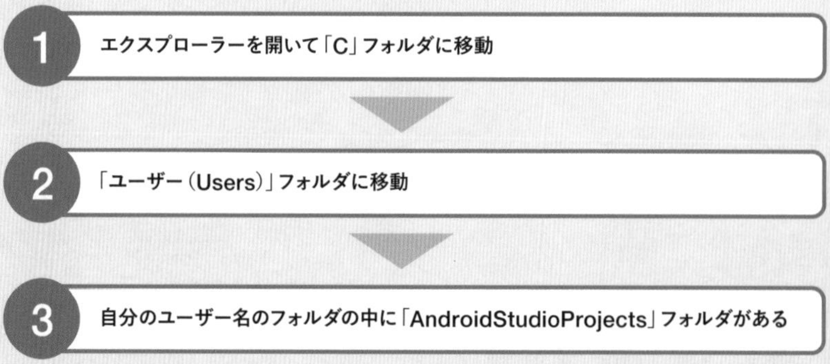

> **1** エクスプローラーを開いて「C」フォルダに移動

> **2** 「ユーザー（Users）」フォルダに移動

> **3** 自分のユーザー名のフォルダの中に「AndroidStudioProjects」フォルダがある

図 3-1-3 「AndroidStudioProjects」フォルダにコピーする

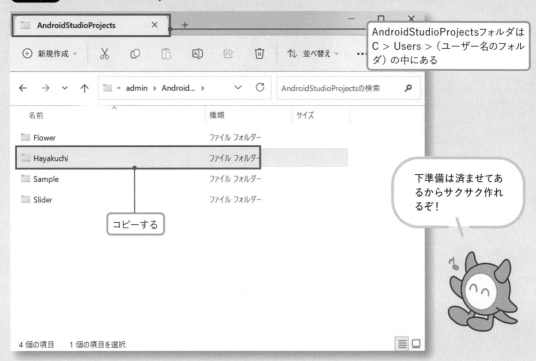

AndroidStudioProjectsフォルダは
C > Users > (ユーザー名のフォル
ダ) の中にある

コピーする

下準備は済ませてあ
るからサクサク作れ
るぞ！

Android Studio のメニューバーから「**File**」→「**Open**」を選択します。ウィンドウが開くので、
Hayakuchi フォルダを選択して「**OK**」をクリックします。

図 3-1-4 Android Studioから「Hayakuchi」フォルダを開く

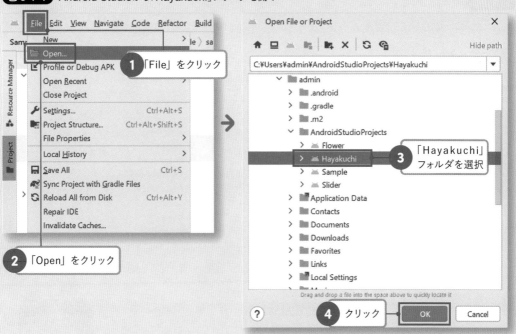

このプロジェクトを信頼するかどうかを尋ねられるので「**Trust Project**」をクリックします。次の
ウィンドウが開いたら「**New Window**」をクリックします。

図 3-1-5 プロジェクトを信頼するかどうかの確認画面

プロジェクトが立ち上がったら、画面左側のプロジェクトウィンドウから「**MainActivity.kt**」と
「**activity_main.xml**」を開いておきましょう。これで開発の準備は完了です！

図 3-1-6 プロジェクトウィンドウからファイルを開く

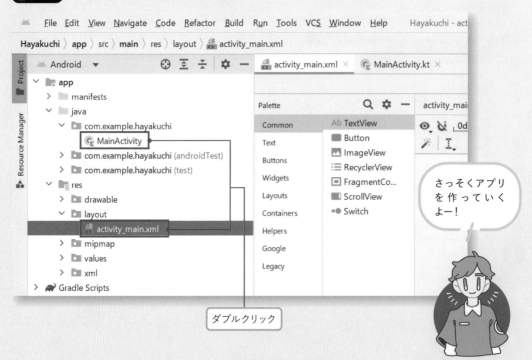

SECTION 3-2 | アプリの見た目を作ろう

この章でも ConstraintLayout を使って、レイアウトを作成していきます。第2章と同じように activity_main.xml を開いたら右上にある「**Design**」タブを選択します。

3-2-1 早口言葉の入力欄を作ろう

1 テキスト入力欄を追加しよう

まずはユーザーが早口言葉を入力できる入力欄を用意しましょう。テキストの入力欄は「**EditText（エディットテキスト）**」ビューを使います。パレットの「**Text**」項目にある「**Mutiline Text（マルチ ライン テキスト）**」をコンポーネントツリーにドラッグ＆ドロップで移動します。

図 3-2-1 マルチラインテキストビューを追加する

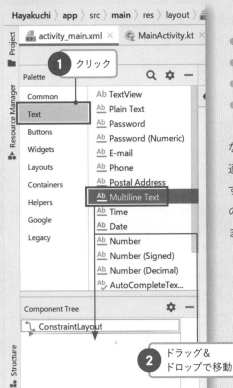

エディットテキストには、

● メールアドレス
● パスワード
● 電話番号
● 日付

など、入力する情報に合わせたビューが用意されており、適切なものを使うことでユーザーが入力しやすくなります。今回、早口言葉の入力欄は「複数行（マルチライン）のテキスト」になるので、マルチライン テキストを使います。

> どんな情報を入力するのかによって使い分けられるぞ

2 テキスト入力欄の配置ルールを追加しよう

テキスト入力欄の上側と左右の「〇」マークを、親レイアウト（72 ページ）にくっつけます。

図 3-2-2 テキスト入力欄の配置ルールを指定する

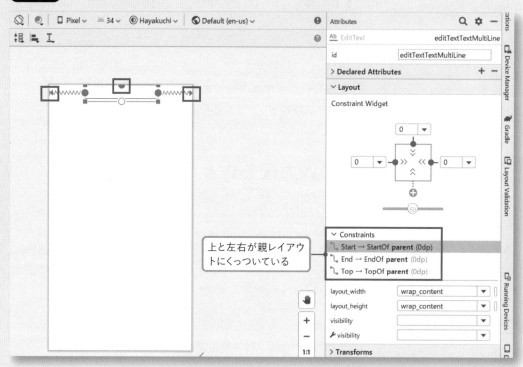

上と左右が親レイアウトにくっついている

3 テキスト入力欄の幅を広げよう

テキストの幅を画面いっぱいに広げるために属性ウィンドウの「**layout_width**」を「**0dp**」にします。

図 3-2-3 テキスト入力欄をレイアウトの幅いっぱいに広げる

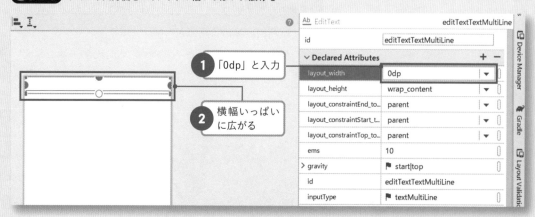

1 「0dp」と入力

2 横幅いっぱいに広がる

④ 余白を追加する

図 3-2-4 「ConstraintLayout」を選択する

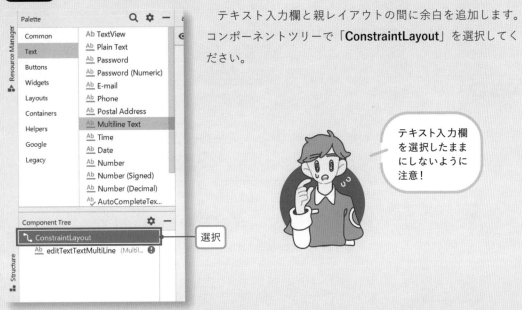

テキスト入力欄と親レイアウトの間に余白を追加します。
コンポーネントツリーで「**ConstraintLayout**」を選択してください。

> テキスト入力欄
> を選択したまま
> にしないように
> 注意！

属性ウィンドウの検索ボックスで「**padding**」と検索して「**16dp**」と入力します。

図 3-2-5 テキスト入力欄と親レイアウトの間に余白ができる

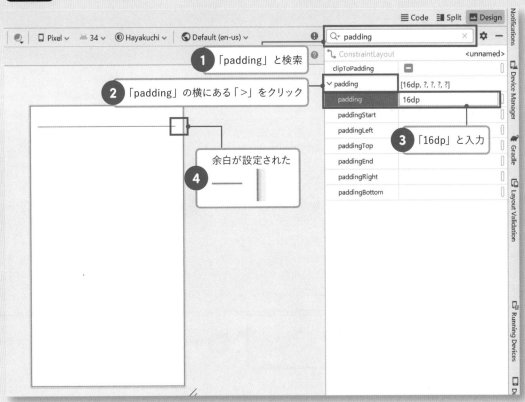

5 テキスト入力欄にヒントを設定しよう

「何のための入力欄なのか」がわかりやすいように、入力欄には「**ヒント**」を表示しておきましょう。ヒントは入力欄に何も入力されていないときに、薄い文字で表示されます。コンポーネントツリーで、**テキスト入力欄を選択しなおしてから**、検索ボックスで「**hint**」と検索して、「**@string/hint**」を指定します。

図 3-2-6 ヒントを設定する

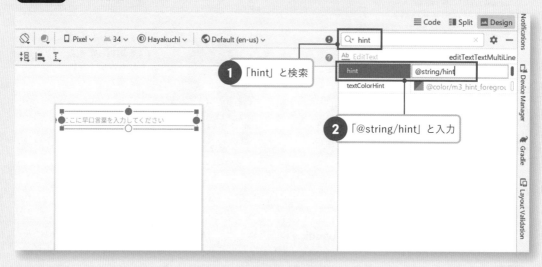

6 警告を解消しよう

レイアウト画面の右上に赤い「！」マークが表示されているのでクリックしてみましょう。画面の下半分に修正が必要なコードが表示されるので、順番に修正していきます。

図 3-2-7 警告が表示される

1つめのメッセージ **ヒントの文字色を変える**

　1つめのメッセージは「ヒントの文字色を濃くしましょう」という提案です。メッセージを選択した状態で左側にある豆電球のアイコンをクリックします。

図 3-2-8 1つめのメッセージ

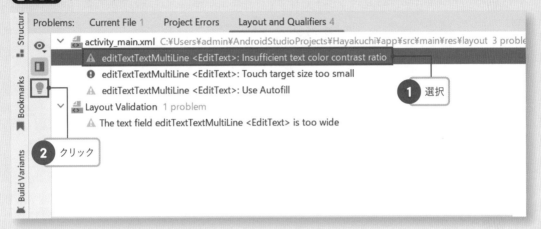

　選択肢が表示されるので「**Set this item's android:textColorHint to #8D6E63**」をクリックすると、ヒントの文字色を設定する属性が自動的に追加されます。

図 3-2-9 1つめのメッセージに対応する

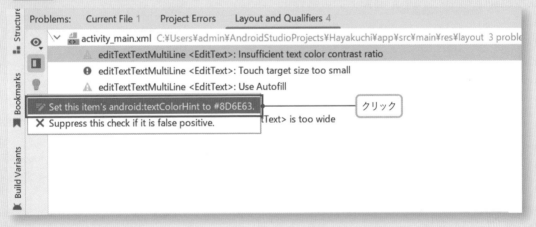

Chapter 3　SECTION

3-2

2つめのメッセージはテキスト入力欄の高さが小さいことへの指摘です。「**タップできるビューのサイズは 48dp 以上にする**」というルールがあります（76 ページ）。現在は高さが 47dp しかないので修正しましょう。メッセージを選択して左側にある豆電球のアイコンをクリックし、「**Set this item's android:minHeight to 48dp**」をクリックします。すると、最低限の高さを指定する「**minHeight**」属性が設定されます。

図 3-2-10 2つめのメッセージに対応する

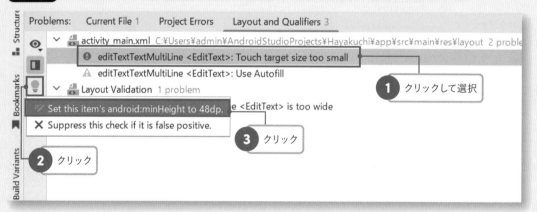

Code 3つめのメッセージ 自動入力の無効化

3つめのメッセージは自動入力を有効にするかどうかの提案です。住所や電話番号を入力するときに役立つものなので、今回は無効にしておきます。メッセージを選択して豆電球のアイコンをクリックし、「**Set importantForAutofill="no"**」を選択します。

図 3-2-11 3つめのメッセージに対応する

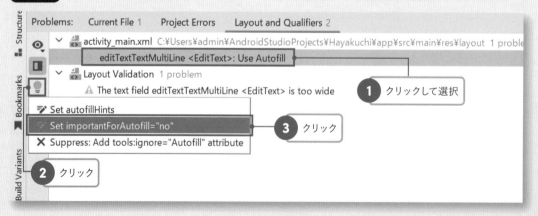

Code | 4つめのメッセージ | **幅の最大値**

　最後 4 つめのメッセージは、テキスト入力欄の幅が推奨されているサイズ（488dp）を超える可能性があることを知らせています。タブレット端末でアプリを開いた場合、テキスト入力欄の幅が大きくなりすぎてしまうので、488dp を超えないように最大値を設定しましょう。

　テキスト入力欄を選択した状態で属性ウィンドウの「**Declared Attributes**」にある「＋」ボタンをクリックします。入力ボックスが出るので左側に「**app:layout_constraintWidth_max**」、右側に「**488dp**」と入力してください。

図 3-2-12 4つめのメッセージに対応する

109

これで表示されていた「！」マークがグレーになるはずです。このように Android Studio ではレイアウトをよりよくするための提案と修正方法を知らせてくれます。修正しなくてもアプリの動作に影響はありませんが、できる限り対応しておきましょう。

図 3-2-13 警告のマークの色が変わる

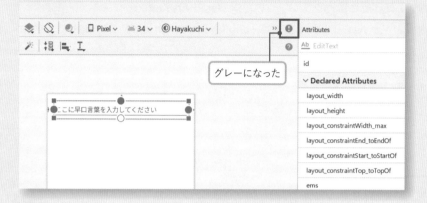

7 早口言葉を表示しよう

すぐにアプリを使えるように、入力欄にはあらかじめサンプルの早口言葉を表示しておきましょう。検索ボックスで「**text**」と検索し、「**@string/sample_text**」を指定します。

図 3-2-14 サンプルの早口言葉（寿限無）を表示する

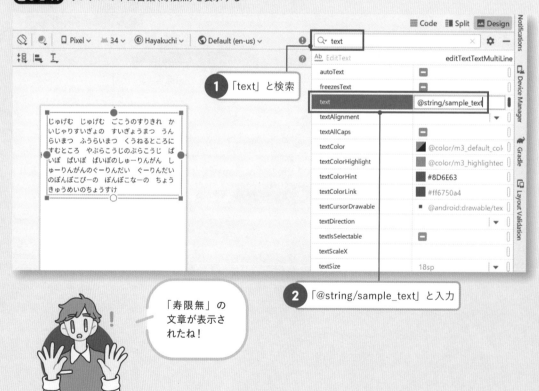

8 名前を変更しよう

図 3-2-15 id属性を変更する

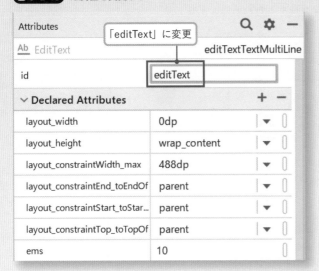

最後に属性ウィンドウで、この
ビューのid属性を「**editText**」に変更
します。

最後に、このような設定になっていればテキスト入力欄は完成です。

図 3-2-16 テキスト入力欄の設定のお手本

id	editText		
∨ Declared Attributes		+	−
layout_width	0dp	▼	〇
layout_height	wrap_content	▼	〇
layout_constraintWidth_max	488dp	▼	〇
layout_constraintEnd_toEndOf	parent	▼	〇
layout_constraintStart_toStartOf	parent	▼	〇
layout_constraintTop_toTopOf	parent	▼	〇
ems	10		〇
> gravity	⚑ start|top		〇
hint	@string/hint		●
id	editText		
inputType	⚑ textMultiLine		〇
minHeight	48dp		〇
text	@string/sample_text		●
textColorHint	■ #8D6E63		〇

3-2-2 再生ボタンを作ろう

ここからは早口言葉を再生する3つのボタンを用意していきましょう。

図 3-2-17 3つの再生ボタン

達人　　　普通　　　簡単

1 1つめのボタンを追加しよう

図 3-2-18 1つめのボタンビューを追加する

パレットから「**Button**」ビューを
コンポーネントツリーにドラッグ＆ド
ロップで移動します。

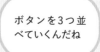

ボタンを3つ並
べていくんだね

1つめのボタンには、次の2つの配置ルールを追加します。

- 左側の「〇」マークを親レイアウトの左端にくっつける
- 上側の「〇」マークをテキスト入力欄の下側にくっつける

図 3-2-19 1つめのボタンの配置ルールを追加する

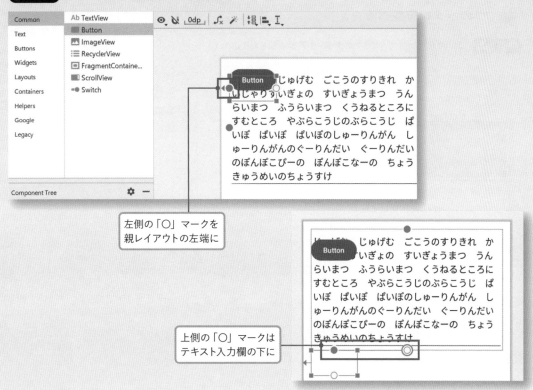

左側の「〇」マークを
親レイアウトの左端に

上側の「〇」マークは
テキスト入力欄の下に

2 2つめのボタンを追加しよう

同じようにパレットから「**Button**」をコンポーネントツリーに移動し、右側の「〇」マークを親レイアウトの右端にくっつけます。

図 3-2-20 2つめのボタンの配置ルールを追加する

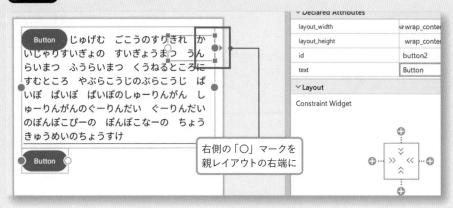

右側の「〇」マークを
親レイアウトの右端に

③ 3つめのボタンを追加しよう

3つめも同じようにパレットから「**Button**」をコンポーネントツリーに移動します。このボタンは
親レイアウトへの接続はしません。

④ 3つのボタンを並べる

図 3-2-21 コンポーネントツリーで3つのボタンを選択する

コンポーネントツリーにある
3つのボタンを［**Ctrl**］キーを押
しながらクリックして、選択状
態にします。

選択した3つの項目を右クリックして「**Align**」→「**Vertical Centers**」を選択します。これで3つ
のボタンの高さが揃います。

図 3-2-22 3つのボタンの高さを揃える

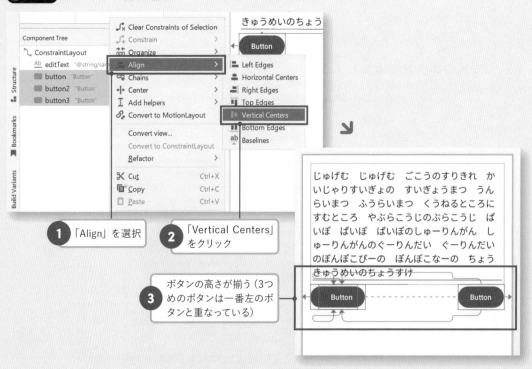

もう一度右クリックして「**Chains**」→「**Create Horizontal Chain**」を選択します。3つのボタンがチェーン（鎖）でつながって配置されました。

図 3-2-23 3つのボタンをチェーンでつなぐ

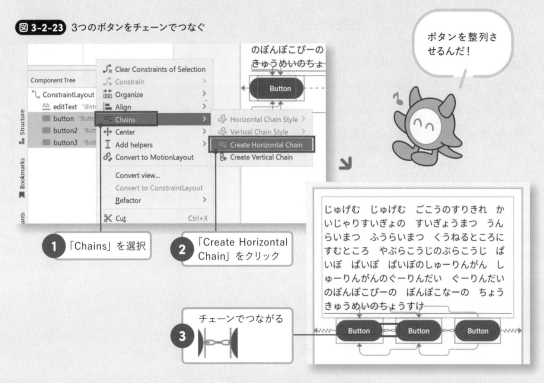

もう一度右クリックして「**Chains**」→「**Horizontal Chain Style**」→「**spread inside**」を選択します。3つのボタンが均等な間隔で配置されます。

図 3-2-24 3つのボタンを均等に並べる

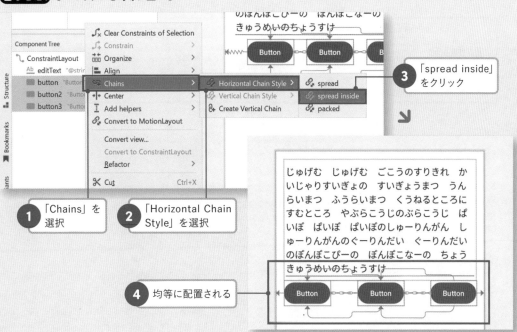

5 横向きレイアウトの確認をしよう

ここで画面を横向きにした場合のレイアウトも確認しておきましょう。プレビュー画面にある画面回転のアイコンをクリックして「**Landscape**」（※1）を選択します。

図 3-2-25 画面を横向きに切り替える

すると、画面が横向きの配置に切り替わります。ボタンは均等に表示されていますが、両端を外側のレイアウトに接続しているので、位置が広がりすぎていますね。

図 3-2-26 3つのボタンが広がりすぎている

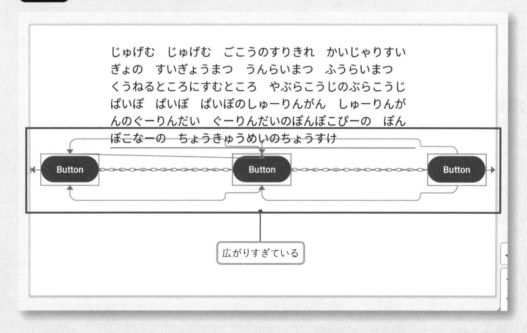

※1 「Landscape」は横向き、「Portrait」は縦向きの画面のことです。両方のレイアウトを整えておくことで、ユーザーがスマートフォンをタテ、ヨコどちらの向きにしても快適なアプリを作ることができます。

テキスト入力欄の幅に合うように、ボタンの配置ルールを、

- 一番左のボタンの左側の「○」をテキスト入力欄の左側の「○」にくっつける
- 一番右のボタンの右側の「○」をテキスト入力欄の右側の「○」にくっつける

と変更してみましょう。

図 3-2-27 ボタンの配置ルールを変更する

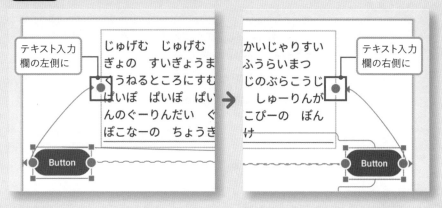

これでタブレットなど大きい画面サイズになっても使いやすくなりました。

図 3-2-28

6 ボタンのスタイルを指定しよう

ボタンのスタイルもまとめて変更しておきましょう。コンポーネントツリーで3つのボタンを「**Ctrl**」キーを押しながらクリックし、選択状態にします。属性ウィンドウの検索ボックスで「**style**」属性を検索して「**@style/Widget.Material3.Button.OutlinedButton**」を入力します（途中まで入力すると候補が表示されます）。

図 3-2-29 ボタンのスタイルを変更する

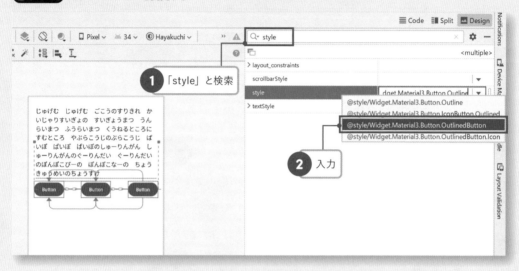

7 ボタンの設定を変更しよう

ボタンの id 属性と text 属性をそれぞれ変更しましょう。

左のボタンは、早口言葉を読み上げる速さを速く設定する「**達人**」ボタンです。id 属性を「**btnFast**」に、text 属性を「**@string/btn_fast**」にします。

図 3-2-30 「達人」ボタンを作る

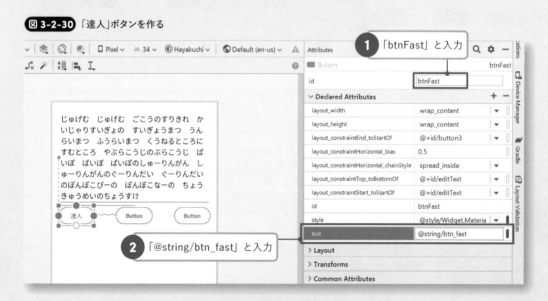

真ん中のボタンは、早口言葉を読み上げる速さを通常に設定する「**普通**」ボタンです。id属性を「**btnNormal**」に、text属性を「**@string/btn_normal**」にします。

図 3-2-31 「普通」ボタンを作る

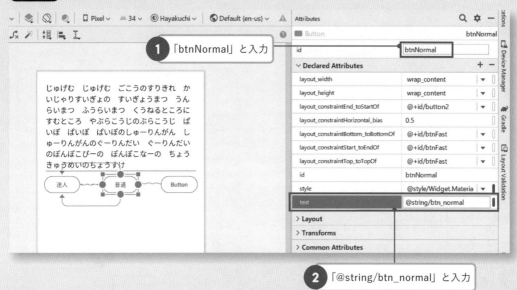

右のボタンは、早口言葉を読み上げる速さを遅く設定する「**簡単**」ボタンです。id属性を「**btnSlow**」に、text属性を「**@string/btn_slow**」にします。

図 3-2-32 「簡単」ボタンを作る

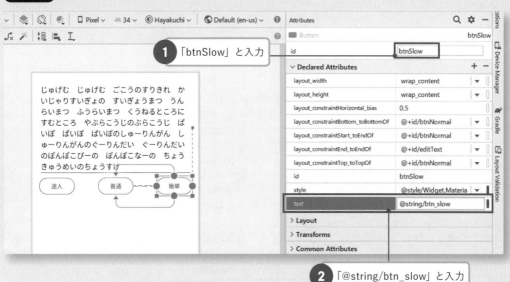

8 見た目の調整をしよう

　テキスト入力欄とボタンの間に余白をつけましょう。一番左にある「**達人**」ボタンを選択して属性ウィンドウの Layout タブにあるボックスに「**10**」と入力します。

図 3-2-33 テキスト入力欄とボタンの間に余白をつける

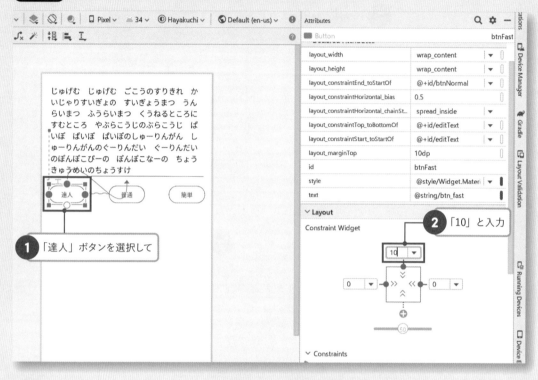

　ボタンはチェーンでつながっているので「達人」ボタンを設定するだけで他のボタンにも反映されます。

図 3-2-34 チェーンでつながっているボタンに設定が反映される

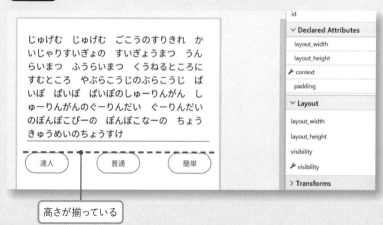

SECTION 3-3 | 早口言葉を再生しよう

3-3-1 音声の再生機能を作る下準備をしよう

1 ボタンと音声の再生機能を紐づけよう

ボタンを押したときに実行するコードにはクリックリスナー（50ページ）を使います。MainActivity.kt を開いて、次のコードを追加してください。

Code **3-3-1** MainActivity.kt

```
8   class MainActivity : AppCompatActivity(), View.OnClickListener {
9
10      private lateinit var binding: ActivityMainBinding
11
12      override fun onCreate(savedInstanceState: Bundle?) {
13          super.onCreate(savedInstanceState)
14          binding = ActivityMainBinding.inflate(layoutInflater)
15          setContentView(binding.root)
16
17          binding.btnFast.setOnClickListener(this)
18          binding.btnNormal.setOnClickListener(this)
19          binding.btnSlow.setOnClickListener(this)
20      }
21
22      override fun onClick(v: View) {
23      }
24  }
```

> onClickメソッドを使うための設定

> ボタンとonClickメソッドを紐づける

> ボタンが押されたら実行するonClickメソッド

Code 22〜23行目 **ボタンがタップされたときのメソッドを用意する**

ボタンを押したときに、呼び出されるのが 22 〜 23 行目の「**onClick**」メソッドです。ここに早口言葉を再生するためのコードを書いていきます。

Code 17〜19行目 **ボタンとonClickメソッドを紐づける**

onClick メソッドを呼び出すために、ボタンとメソッドを紐づけています。

2 音声の再生機能が使えるか調べる処理を書こう

　早口言葉のような人工音声を再生するには「**TextToSpeech**」という機能を使います。機種によって使えない場合もあるので、まずはこの機能が使えるかどうかを調べるコードを用意します。MainActivity.kt に次のコードを追加してください。

Code　**3-3-2**　MainActivity.kt

```
9   class MainActivity : AppCompatActivity(), View.OnClickListener, TextToSpeech.
    OnInitListener {        onInitメソッドを使うための設定

10

11      private lateinit var binding: ActivityMainBinding
12      private lateinit var tts: TextToSpeech

13

14      override fun onCreate(savedInstanceState: Bundle?) {
15          super.onCreate(savedInstanceState)
16          binding = ActivityMainBinding.inflate(layoutInflater)
17          setContentView(binding.root)
18                                                onInitメソッドを呼び出す
19          tts = TextToSpeech(this@MainActivity, this@MainActivity)
```

```
24      }

25

26      override fun onInit(status: Int) {     TextToSpeechが使えるかどう
27      }                                      かのチェックと初期設定をする

28

29      override fun onClick(v: View) {
30      }
31  }
```

Code　26〜27行目　**onInitメソッドを用意する**

　TextToSpeech が使えるかを調べる「**onInit**」メソッドを用意します。9 行目でこのメソッドを使う設定をしています。

Code　19行目　**onInitメソッドを呼び出す**

　19 行目で、アプリを起動したときに onInit メソッドが呼び出されるように設定をしています。「**this@MainActivity**」という書き方は、アプリ開発で何度も登場します。これは「**現在のアプリ画面**」の情報、つまり「**MainActivity**」の情報を引数として、メソッドに渡しているのです。現時点では「とりあえずこう書く！」と覚えてしまいましょう。

「this」って何？

「this@MainActivity」の「**this**」は「**コンテキスト**」を指しています。コンテキストとは簡単にいうと「**アプリやアクティビティの情報のこと**」です。「アクティビティのコンテキスト」と「アプリケーションのコンテキスト」で書き方や使い方が変わることもありますが、本書では「this はコンテキスト」と考えておいてください。

TextToSpeech が使えるかをチェックする onInit メソッドの中身を書いていきましょう。TextToSpeech の機能が使えるかどうかを判定し、使える場合と使えない場合で処理を分けます（このような条件分岐については、54 ページで解説しています）。TextToSpeech が使える場合、続けて「日本語が使えるかどうか」をチェックして、使える場合は日本語で音声が再生されるように設定します（※2）。MainActivity.kt に次のコードを追加します。

Code **3-3-3** MainActivity.kt

```
28      override fun onInit(status: Int) {
29          if (status == TextToSpeech.SUCCESS) {
30              if (tts.isLanguageAvailable(Locale.JAPAN) >= TextToSpeech.LANG_AVAILABLE) {
31                  tts.language = Locale.JAPAN
32              } else {
33                  Log.v("MY_LOG", "TextToSpeech の初期化成功。日本語が無効。")
34              }
35          } else {
36              Log.v("MY_LOG", "TextToSpeech の初期化失敗。")
37          }
38      }
39
40      override fun onClick(view: View) {
```

- 29行目付近: **TextToSpeechが使える場合。続けて日本語が使えるかチェック**
- 31行目: **日本語が使える場合**
- 33行目: **日本語が使えない場合**
- 36行目: **TextToSpeechが使えない場合**

コード中の「Log」という表記については、著者のウェブサイトで詳しく解説しています。

 https://codeforfun.jp/book/

「機能が使えるか」と「日本語が使えるか」の2つをチェックするんだ

※2 他の言語も Locale.US（アメリカ）や Locale.FRANCE（フランス）のように調べることができます。

3-3-2 音声の再生機能を作ろう

1 音声を再生するためのコードを書こう

次は onClick メソッドに早口言葉を再生するコードを書いていきましょう。MainActivity.kt に次の
コードを追加します。

Code **3-3-4** MainActivity.kt

```
41    override fun onClick(v: View) {
42        tts.stop()          ← 一時停止
43
44        val speakText = binding.editText.text.toString()   ← テキストを取得し
45                                                              て文字列に変換
46        val rate = when (v.id) {
47            R.id.btnFast -> 2.0F
48            R.id.btnSlow -> 0.5F      ← 再生速度はデフォルトで1.0。
49            else -> 1.0F                0.5～2.0の範囲で広げられる
50        }
51        tts.setSpeechRate(rate)
52
53        if (Build.VERSION.SDK_INT >= Build.VERSION_CODES.LOLLIPOP) {
54            tts.speak(speakText, TextToSpeech.QUEUE_FLUSH, null, "utteranceId")
55        } else {                                                              ← 再生
56            tts.speak(speakText, TextToSpeech.QUEUE_FLUSH, null)
57        }
58    }
```

Code 46～50行目 **ボタンの再生速度を設定する**

押されたボタンに合わせて再生速度を設定しています。再生速度のデフォルト値は 1.0 で、0.5（遅）
～ 2.0（速）の範囲で設定できます。

Code 53～57行目 **音声を再生する**

「**speak**」メソッドで音声を再生します。引数「**speakText**」が再生するテキストです。

2 TextToSpeechを閉じよう

最後に「**onDestroy**」メソッドで TextToSpeech を終了します。onDestroy メソッドはアプリ画面
が破棄されるときに呼ばれるメソッドです。MainActivity.kt に次のコードを追加しましょう。

Code `3-3-5` MainActivity.kt

```
41    override fun onClick(v: View) {

58    }
59
60    override fun onDestroy() {
61        super.onDestroy()
62        tts.shutdown()
63    }
64 }
```

onDestroyメソッド

3-3-3 ボタンの表示と非表示を切り替えよう

TextToSpeech の準備ができていない状態で再生ボタンを押せてしまうと、音声が再生されずにユーザーが困ってしまう可能性があります。これを防ぐため、「**最初は再生ボタンを非表示にしておき、準備ができたら再生ボタンを表示する**」ようにコードを修正します。次のコードを追加しましょう。

Code `3-3-6` MainActivity.kt

```
12 class MainActivity : AppCompatActivity(), View.OnClickListener, TextToSpeech.
   OnInitListener {

17    override fun onCreate(savedInstanceState: Bundle?) {

27
28        binding.btnFast.visibility = View.INVISIBLE
29        binding.btnNormal.visibility = View.INVISIBLE
30        binding.btnSlow.visibility = View.INVISIBLE
31    }
32
33    override fun onInit(status: Int) {
34        if (status == TextToSpeech.SUCCESS) {
35            if (tts.isLanguageAvailable(Locale.JAPAN) >= TextToSpeech.LANG_AVAILABLE) {
36                tts.language = Locale.JAPAN
37
38                binding.btnFast.visibility = View.VISIBLE
39                binding.btnNormal.visibility = View.VISIBLE
40                binding.btnSlow.visibility = View.VISIBLE
41
42            } else {
```

再生ボタンを一時非表示にしておく

ステータスがSuccessになったら再生ボタンを表示する

3-3-4　アプリを実行してみよう

アプリを実行してみましょう。早口言葉も自由に変更して音声が再生されるか確認してみてくださいね。

図 3-3-1　アプリの完成!

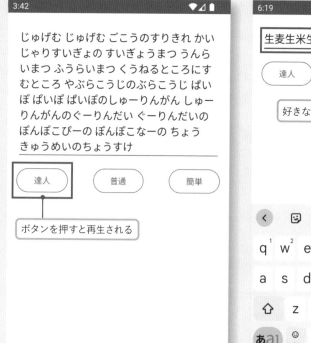

ボタンを押すと再生される

好きなテキストを入れることもできる

Check Point

音声が再生されない...

音声が再生されない場合は、エミュレータの音量ボタンを調節してみましょう。音量を調節しても再生されない場合は、エミュレータの再起動や変更、または実機で実行してみましょう。

● 音量調整ボタン

音量を調整できる

Chapter

4

「膃肭臍」何と読む？
いつでもどこでも難読漢字

「膃肭臍」何と読む？

Chapter 4

この章で作成するアプリ

この章で作るのは「難読漢字のクイズアプリ」です。
普段の生活で触れる機会の少ない難読漢字の読みかたを、
日常的にいつでもどこでも覚えられます。

第1問

膃肭臍

答えを入力してください

Check!

クイズ形式でトレーニング

入力された答えが正解かどうか判定します

Check!

最終結果画面

5問終了したら、トータルの正解数を表示します

Roadmap

ロードマップ

SECTION 4-1 プロジェクトを準備しよう > P130

下ごしらえの済んだ
プロジェクトを使うぞ！

SECTION 4-2 クイズを出題しよう > P131

ランダムで問題が
出題されるようにするぞ！

SECTION 4-3 正解・不正解を判定しよう > P138

答えが正解かどうかを
プログラムで判断するんだ！

SECTION 4-4 クイズの結果を表示しよう > P148

クイズの正解数を
表示するぞ！

FIN

Point

―― この章で学ぶこと ――

☑ MutableListでクイズをランダムに出題する！

☑ ダイアログを使って正解・不正解を画面に表示する！

☑ アクティビティを作成して結果画面を作成する！

Go next page! →

プロジェクトを
準備しよう

この章でも、**下ごしらえの済んだプロジェクトのファイルを使って開発を進めていきます。**

ダウンロードファイルの「**ch04**」→「**work**」フォルダの中にある「**Quiz**」フォルダを「AndroidStudioProjects」フォルダにコピーして、Android Studio で開いてください。手順は第3章のときと同じです（100ページ）。

このプロジェクトファイルではあらかじめ「strings.xml」と「ViewBinding」の設定、そして「アプリ画面（activity_main.xml）」の準備が済んでいます。

図 4-1-1 ビュー要素も用意されている

問題番号が不思議な表記になっているのは、あとで解説するぞ！

4-2 | クイズを出題しよう

まずはクイズを出題するための機能を作っていきましょう。

4-2-1 | クイズを出題するための変数を用意しよう

最初に**変数**を用意します。繰り返し使う文字列や、あとで変更を加える値は、変数として定義することができます（90 ページ）。MainActivity.kt を開いて次のコードを追加してください。

Code **4-2-1** MainActivity.kt

```
7    class MainActivity : AppCompatActivity() {
8
9        private lateinit var binding: ActivityMainBinding
10       private var rightAnswer: String? = null      クイズの正解が入る変数
11       private var rightAnswerCount = 0              正解数をカウントする変数
12       private var quizCount = 1      何問目かをカウントする変数
13
14       private val quizData = mutableListOf(
15           listOf(" 膃肭臍 ", " おっとせい "),
16           listOf(" 馴鹿 ", " となかい "),
17           listOf(" 水豚 ", " かぴばら "),
18           listOf(" 饂飩 ", " うどん "),
19           listOf(" 竜髭菜 ", " あすぱらがす "),
20           listOf(" 馬穴 ", " ばけつ "),
21           listOf(" 杓文字 ", " しゃもじ ")
22       )
23
24       override fun onCreate(savedInstanceState: Bundle?) {
```

難読漢字がいっぱいだっ！

131

Code 　10行目　## クイズの正解を入れる変数 （rightAnswer）

クイズの「**正解**」を入れておく変数です。この変数の中身とユーザーがアプリに入力した答えが一致するかで、クイズの正解・不正解を判定します。

Code 　11行目　## 正解数をカウントする変数 （rightAnswerCount）

クイズの「**正解数**」を入れておく変数です。正解するたびに初期値の「**0**」からカウントを加えていきます。正解数はクイズに答え終わったあとに、画面に表示します。

Code 　12行目　## 何問目かをカウントする変数 （quizCount）

今出題しているクイズが何問目かをカウントする変数で、画面上の「**問題番号**」の表示に使います。クイズは第1問からはじまるため、最初の値は「**1**」で設定されています。

Code 　14〜22行目　## 問題のリストを入れる変数 （quizData）

クイズの問題は「リスト（88ページ）の中に、さらにリストを入れる」形で用意します。問題が入ったリストの中に、さらに小さな問題ごとのリストが入っているイメージです。大きなリストは要素をシャッフルできる「**MutableList**」を使います。

図 4-2-1　リストのイメージ

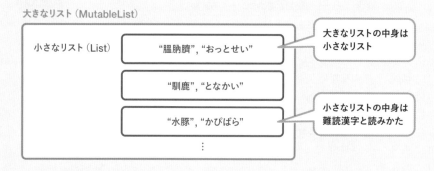

大きなリスト（MutableList）

小さなリスト（List）

"膃肭臍"、"おっとせい"

"馴鹿"、"となかい"

"水豚"、"かぴばら"

大きなリストの中身は小さなリスト

小さなリストの中身は難読漢字と読みかた

4-2-2 クイズを出題するためのメソッドを用意しよう

次にメソッドを3つ用意します。次のコードを追加しましょう。

Code 4-2-2 MainActivity.kt

```
7   class MainActivity : AppCompatActivity() {

24      override fun onCreate(savedInstanceState: Bundle?) {

28      }
29
30      private fun showNextQuiz() {          ── クイズを出題するメソッド
31      }
32
33      private fun checkAnswer() {           ── 正誤を判定するメソッド
34      }
35
36      fun checkQuizCount() {                ── 出題数を確認するメソッド
37      }
38  }
```

Code 36行目 **出題数を確認するメソッド**

「**checkQuizCount**」はクイズを何問出題したかを確認するメソッドです。このメソッドだけ、コードに「**private**」という言葉がついていないことがポイントです。

privateって何?

メソッドのコードに「**private**」をつけると「**このクラス（MainActivity）でだけ使えるメソッド**」になります。先ほどのコードで、「checkQuizCount」メソッドは、ほかのクラスから呼ぶことになるメソッドなので private をつけていません。

●privateをつけたメソッドはほかのクラスから呼び出せなくなる

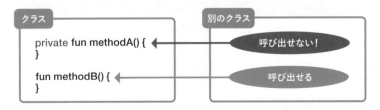

4-2-3 クイズを画面に表示しよう

先ほど作成した変数とメソッドを使って、クイズをアプリ画面に表示してみましょう。

1 クイズを出題するメソッドを書こう

まずはクイズを出題する「**showNextQuiz**」メソッドの中身を書いていきます。

Code `4-2-3` MainActivity.kt

```
30    private fun showNextQuiz() {
31        binding.countLabel.text = getString(R.string.count_label, quizCount) ●───┐
                                                                                    └─ 問題番号を更新する
32
33        val quiz = quizData[0] ●── クイズを1問取り出す
34        binding.questionLabel.text = quiz[0] ●── 問題をセット
35        rightAnswer = quiz[1] ●── 正解をセット
36
37        quizData.removeAt(0) ●── 出題したクイズを削除する
38    }
```

Code `31行目` 問題番号を更新する

「第1問」のように「問題番号」を表示する部分のテキストは strings.xml で、次のように用意され
ています。この「%d」は「**プレースホルダー**」といって「**その部分に入る値があとで決まる場合**」に
使います。

```
6   <string name="count_label"> 第 %d 問 </string>
```

プレースホルダーの使いどころ

アプリ画面の中で、クイズの問題番号は「第1問」「第2問」「第3問」……と表示するた
め、数字の部分は固定ではありません。このように**表示する値があとで決まる場合はプレー
スホルダーを使います**。プレースホルダーに値を反映するために使うのが「**getString**」メ
ソッドです。引数「**R.string.count_label**」で string.xml のテキストが、引数「**quizCount**」
でプレースホルダーに入れる値が渡されています。

Code 33〜35行目 **1つめのクイズを取り出す**

クイズが入ったリストから、最初のクイズを取り出します。問題はテキストとして表示し、正解は用意した変数 rightAnswer に入ります。

図 4-2-2 配列からクイズを取り出す

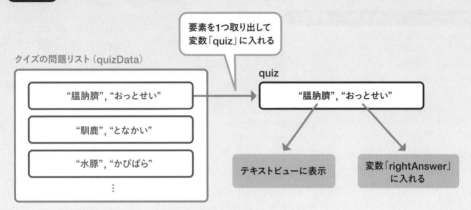

要素を1つ取り出して
変数「quiz」に入れる

クイズの問題リスト（quizData）

quiz

"膃肭臍", "おっとせい"

"馴鹿", "となかい"

"水豚", "かぴばら"

⋮

"膃肭臍", "おっとせい"

テキストビューに表示

変数「rightAnswer」に入れる

Code 37行目 **出題したクイズを削除する**

同じ問題が出題されないように、取り出した問題は削除します。

② クイズを出題するメソッドを呼び出そう

メソッドは呼び出さないと実行されません。アプリを起動したらすぐに問題が表示されるように onCreate メソッドで **showNextQuiz** メソッドを呼び出しましょう。onCreate メソッドに次のコードを追加します。

Code 4-2-4 MainActivity.kt

```
24    override fun onCreate(savedInstanceState: Bundle?) {
25        super.onCreate(savedInstanceState)
26        binding = ActivityMainBinding.inflate(layoutInflater)
27        setContentView(binding.root)
28
29        showNextQuiz()  ●──［ 追加 ］
30    }
```

　ここでアプリを実行してみましょう。「**第1問**」というテキストと、最初の問題「**膃肭臍**」が表示
されていれば成功です。

図 4-2-3 アプリに問題が表示された

「%d」だったとこ
ろがちゃんと表示
されてるね！

4-2-4　問題をシャッフルしよう

　毎回、同じ順番で問題が出題されても退屈ですよね。そこで、問題はランダムな順番で表示されるようにしてみましょう。コードを1行追加するだけです。

Code **4-2-5** MainActivity.kt

```
24    override fun onCreate(savedInstanceState: Bundle?) {
25        super.onCreate(savedInstanceState)
26        binding = ActivityMainBinding.inflate(layoutInflater)
27        setContentView(binding.root)
28
29        quizData.shuffle()●━━━[ 追加 ]
30        showNextQuiz()
31    }
```

　もう一度アプリを実行してみましょう。「アプリの実行」→「停止」→「実行」……を繰り返して、別の問題が表示されるか確認してみましょう。

図 4-2-4 異なる問題が表示される

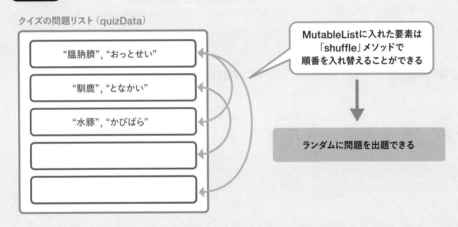

クイズの問題リスト（quizData）

- "膃肭臍", "おっとせい"
- "馴鹿", "となかい"
- "水豚", "かぴばら"

MutableListに入れた要素は「shuffle」メソッドで順番を入れ替えることができる

ランダムに問題を出題できる

正解・不正解を判定しよう

次はクイズの正解・不正解を判定する機能を作りましょう。「答えを入力する」→「エンターキーを押す」→「答えを表示する」という流れになるように、コードを書いていきます。

図 4-3-1 入力した答えが正解か不正解かを表示する

4-3-1 ダイアログを用意しよう

図 4-3-2 ダイアログの構成要素

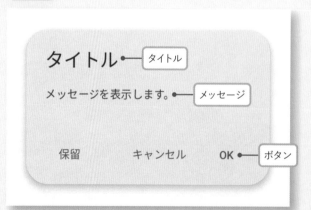

「**ダイアログ**」とはアプリの操作をするために一時的に開かれる画面で、**タイトル**、**メッセージ**、**ボタン**の3つを表示できます。

ダイアログは「**DialogFragment**」クラスを使って書きます。**フラグメント**（Fragment）は「**断片・かけら**」という意味で、アプリを構成する部品（パーツ）のようなものと捉えればよいでしょう。

1 ダイアログのファイルを作ろう

まずはダイアログのファイルを作成します。画面左側のプロジェクトウィンドウの「**com.example.quiz**」を右クリックし、「**New**」→「**Kotlin Class/File**」をクリックします。

図 4-3-3 ダイアログのファイルを作る①

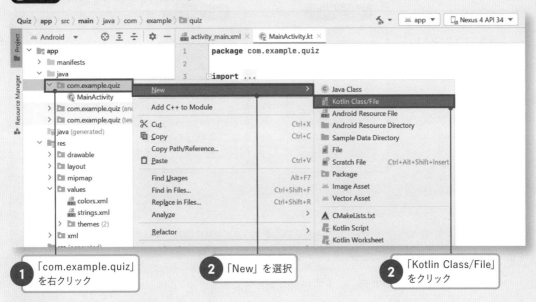

1「com.example.quiz」を右クリック

2「New」を選択

2「Kotlin Class/File」をクリック

図 4-3-4 ダイアログのファイルを作る②

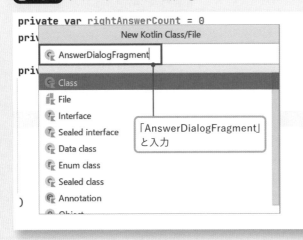

「AnswerDialogFragment」と入力

ファイル名の入力画面が表示されるので、「**AnswerDialogFragment**」と入力して[**Enter**]キーを押します。

フラグメントについて

　Android アプリ開発では、複数の「**フラグメント（パーツ）**」を組み合わせて 1 つのアクティビティ（画面）を作ったり、複数のアクティビティで 1 つのフラグメントを使い回したりすることができます。ダイアログもこのフラグメントの 1 つで、DialogFragment クラスにはダイアログを使うために必要な機能がまとめられています。

●フラグメントはアプリのパーツ

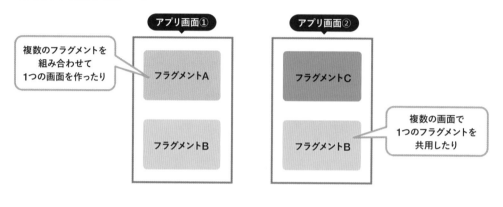

2　ダイアログの作成に必要なメソッドを用意しよう

ファイルがエディタで開けたら、次のようにコードを書きます。

Code **4-3-1** AnswerDialogFragment.kt

```
1   package com.example.quiz
2
3   import android.app.Dialog
4   import android.os.Bundle
5   import androidx.fragment.app.DialogFragment
6
7   class AnswerDialogFragment : DialogFragment() {
8
9       override fun onCreateDialog(savedInstanceState: Bundle?): Dialog {
10          return super.onCreateDialog(savedInstanceState)
11      }
12  }
```

下のコードを追加すると自動で追加される（3-5行目）

DialogFramgentを使うための設定（7行目）

ダイアログを作る処理（9-11行目）

Code   7行目 **ダイアログに関するクラスを準備する**

ダイアログに関するコードがまとめられている「**DialogFramgent**」クラスを使うための設定です。

Code   9〜11行目 **ダイアログを作るメソッドを用意する**

「**onCreateDialog**」メソッドでは、ダイアログを作成して、MainActivity から呼び出せるように準備をしています。

3 メソッドの中身を書こう

ダイアログを用意する「**onCreateDialog**」メソッドの中身を書いていきましょう。

Code **4-3-2** AnswerDialogFragment.kt

```
8   class AnswerDialogFragment : DialogFragment() {
9
10      override fun onCreateDialog(savedInstanceState: Bundle?): Dialog {
            return super.onCreateDialog(savedInstanceState)  ●── 削除
11          val dialog = activity?.let {
12              MaterialAlertDialogBuilder(it)
13                  .setTitle(arguments?.getString("TITLE"))  ●──── ダイアログのタイトルを設定する
14                  .setMessage(arguments?.getString("MESSAGE"))  ●── ダイアログのメッセージを設定する
15                  .setPositiveButton("OK") { _, _ ->  ●────────
16                      (activity as MainActivity).checkQuizCount()
17                  }
                                                            ダイアログのボタンを設定する
18                  .create()
19          }
20          return dialog ?: throw IllegalStateException(" アクティビティが Null です。")
21      }
22  }
```

Code   11〜19行目 **アクティビティが空っぽでないか調べる**

ダイアログはアプリ画面、つまりアクティビティに表示します。このアクティビティが存在しないと、どこにダイアログを表示すればよいかわからなくなってしまいます。そこで「**アクティビティがnull（空っぽ）でなければダイアログの設定をする**」というコードを書いています。

図 4-3-5 タイトルとメッセージ

「**setTitle**」メソッドと「**setMessage**」メソッドを使ってダイアログに表示するタイトルとメッセージを設定します。

Code 15〜17行目 **ダイアログのボタンを設定する**

図 4-3-6 ボタンには種類がある

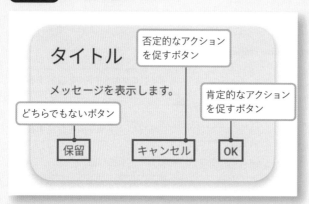

ボタンが促すアクションの意味合いによって、3種類のメソッドを使い分けます（※1）。「OK」ボタンは肯定的な意味を持つので「**setPositiveButton**」メソッドを使っています。

表 4-3-1 3種類のボタン

ボタン	意味	使うメソッド
Positive	肯定的なアクション　例）OK、同意する	setPositiveButton
Negative	否定的なアクション　例）キャンセル、同意しない	setNegativeButton
Neutral	どちらでもない場合　例）保留、あとで	setNeutralButton

Code 16行目 **出題数を確認するメソッドをMainActivityから呼び出す**

「OK」ボタンを押したら MainActivity に用意した checkQuizCount メソッドを呼び出します。

checkQuizCount メソッドを用意したときに「private をつけない」と紹介しました（133 ページ）。private をつけてしまった場合、ここでメソッドを呼び出せなくなるので注意です。

※1　すべてのボタンを使う必要はありませんが、同じボタンを 2 つ使うことはできません。

4-3-2 正解・不正解を判定しよう

次に、入力された答えが正解か不正解かを判定する「**checkAnswer**」メソッドを書いていきます。
エディタで MainActivity.kt を開いて、次のコードを追加します。

Code **4-3-3** MainActivity.kt

```
43    private fun checkAnswer() {
44        val answerText = binding.inputAnswer.text.toString()      入力された答えを取得する
45
46        val alertTitle: String
47        if (answerText == rightAnswer) {
48            alertTitle = " 正解 !"                                正解・不正解を判定してダイアロ
49            rightAnswerCount++                                    グに表示するタイトルを決める
50        } else {
51            alertTitle = " 不正解 ..."
52        }
53
54        val answerDialogFragment = AnswerDialogFragment()          ダイアログを用意する
55
56        val bundle  =  Bundle().apply {
57            putString("TITLE", alertTitle)                        ダイアログに表示するタイト
58            putString("MESSAGE", " 答え：${rightAnswer}")          ルとメッセージを準備する
59        }
60        answerDialogFragment.arguments = bundle
61
62        answerDialogFragment.isCancelable= false                   ダイアログが閉じないようにする
63
64        answerDialogFragment.show(supportFragmentManager, "my_dialog")
65    }                                                             ダイアログを表示する
```

ちょっと長いコード
だけどがんばれ！

Code | 57〜58行目 | **タイトルとメッセージを準備する**

ダイアログに表示するタイトルとメッセージを設定しています。

Code | 62行目 | **ダイアログが閉じないようにする**

図 4-3-7 ダイアログの外側をタップしても消えない

ダイアログの外側をタップしたとき
にダイアログが閉じないように設定し
ています。

「OK」を押したとき以
外はダイアログが閉じ
ないようにするんだ

外側をタップしても、ダイ
アログが消えないようする

Code | 64行目 | **ダイアログを表示する**

最後に「**show**」メソッドでダイアログを表示します。

4-3-3 決められた数の問題を出題しよう

1 クイズの出題数をカウントしよう

クイズの出題数をカウントして、決められた数が出題されるまで新しい問題を出題し続ける「**checkQuizCount**」メソッドを書いていきます。MainActivity.kt に次のコードを書きます。

Code **4-3-4** MainActivity.kt

```
67    fun checkQuizCount() {
68        if (quizCount == QUIZ_COUNT) {
69        } else {
70            binding.inputAnswer.text.clear()    ← テキスト入力欄をクリア
71            quizCount++    ← 変数quizCount に1を足す
72            showNextQuiz()    ← 次の問題を表示する
73        }
74    }
```

「クイズを 5 問出題したかどうか」の判定は、68 行目を、

```
68 if (quizCount == 5) {
```

と書くことができますが、この場合、クイズの数を変更するときにいちいち数字の部分を書き換えなければいけません。このような数値は「**定数**」として用意しておきましょう。MainActivity.kt に次のコードを追加します。

Code **4-3-5** MainActivity.kt

```
1    package com.example.quiz
```
```
6
7    const val QUIZ_COUNT = 5
8
9    class MainActivity : AppCompatActivity() {
```

「**const**」が定数であることの目印です。変数と区別するために**定数名は大文字で書く**のが一般的です。定数にしておけば変更が必要になったときにコードの場所を簡単に見つけることができますし、複数の箇所で使用している場合には見逃しも防ぐことができます。

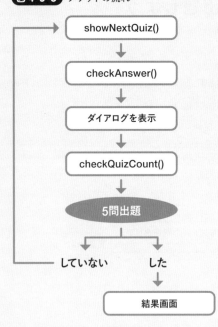

図 4-3-8 メソッドの流れ

```
showNextQuiz()
    ↓
checkAnswer()
    ↓
ダイアログを表示
    ↓
checkQuizCount()
    ↓
5問出題
   ↙    ↘
していない   した
              ↓
          結果画面
```

「checkQuizCount」メソッドでは「**クイズを5問出題したか**」をチェックしています。5問出題した場合は結果画面を表示します。5問出題していない場合は、quizCount に 1 を加算して、もう一度クイズを出題するメソッド（showNextQuiz）を呼びます。これを繰り返すことで quizCount が 5 になるまでクイズを出題できるようになります。

2 正解・不正解を判定するメソッドを呼び出そう

正誤判定をする **checkAnswer** メソッドは、ユーザーが答えを入力してエンターキーを押したタイミングで呼び出されるようにします。onCreate メソッドに次のコードを追加します。

Code **4-3-6** MainActivity.kt

```
27    override fun onCreate(savedInstanceState: Bundle?) {
28        super.onCreate(savedInstanceState)
29        binding = ActivityMainBinding.inflate(layoutInflater)
30        setContentView(binding.root)
31
32        binding.inputAnswer.setOnKeyListener { _, keyCode, keyEvent ->
33            if (keyEvent.action == KeyEvent.ACTION_DOWN
34                && keyCode == KeyEvent.KEYCODE_ENTER) {
35                checkAnswer()        ┐ エンターキーが押された場合の処理
36                true                 ┘
37            } else {
38                false
39            }
40        }
```

Code 32行目 **キーリスナーを用意**

ボタンがクリックされたときに実行する処理には「setOnClickListener」を使いましたが、今回はキーが押されたときの処理なので「**setOnKeyListener**」を使って、エンターキーが押されたかどうかを判定しています。

私たちが使っているキーボードのそれぞれのキーには「**キーコード**」という番号が振られています。押されたキーのキーコードが、エンターキーの「**KEYCODE_ENTER**」というキーコードに一致したら checkAnswer メソッドを呼んでいます。

図 4-3-9 処理の流れのイメージ

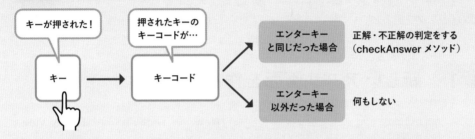

4-3-4 アプリを実行してみよう

アプリを実行してみましょう。正解・不正解に合わせてダイアログのタイトルが変わっているかも確認してください。

図 4-3-10 正解の場合と不正解の場合でダイアログの表示が変わる

147

SECTION 4-4 クイズの結果を表示しよう

第3章まではアプリの画面は1つしかありませんでしたが、アプリには複数の画面を用意することができます。今回は「**クイズを出題する画面**」と「**結果を表示する画面**」の2つを用意して、クイズが終わったタイミングで画面を切り替えてみましょう。

4-4-1 新しいアプリ画面を作ろう

パッケージ名 com.example.quiz の上で右クリックして、「**New**」→「**Activity**」→「**Empty Views Activity**」をクリックします。

図 4-4-1 新しいアプリ画面を作る①

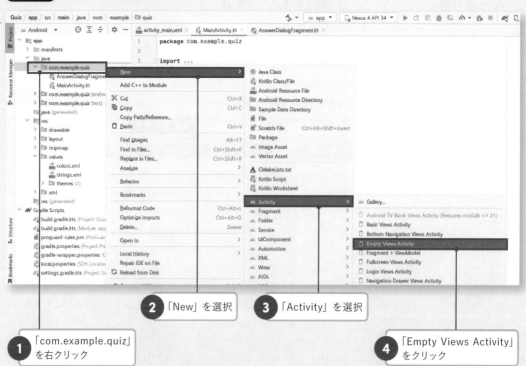

2 「New」を選択

3 「Activity」を選択

1 「com.example.quiz」を右クリック

4 「Empty Views Activity」をクリック

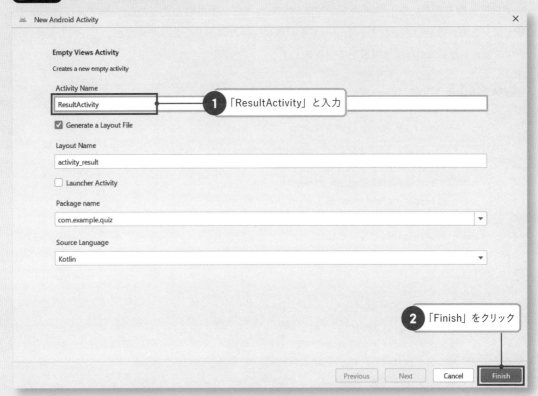

「Acitivity Name」に「ResultActivity」と入力して「Finish」をクリックします。

図 4-4-2 新しいアプリ画面を作る②

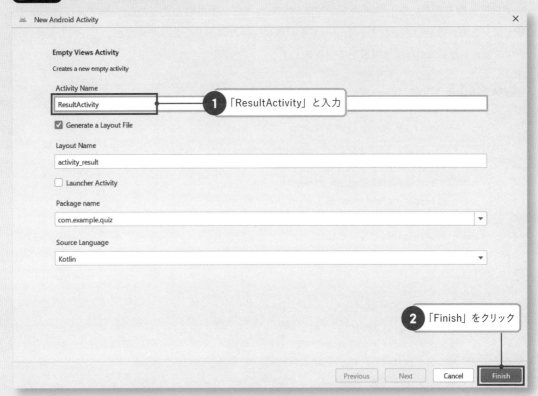

すると「**ResultActivity.kt**」と「**activity_result.xml**」というファイルが作成されました。

図 4-4-3 新しいファイルが作られる

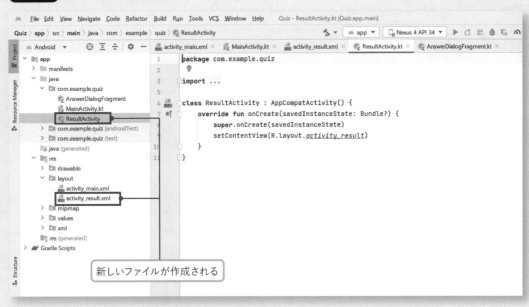

4-4-2 結果画面を作ろう

先ほど作成した、activity_result.xml を開いたら、エディタの右上で「**Split**」タブを選択します。そして、あらかじめ記入されているコードを削除し、次のコードを書いてください。とても長いコードですが、1 行ずつがんばって書いていきましょう。

Code 4-4-1 activity_result.xml

```
1  <?xml version="1.0" encoding="utf-8"?>
2  <LinearLayout xmlns:android="http://schemas.android.com/apk/res/android"
3      xmlns:tools="http://schemas.android.com/tools"
4      android:layout_width="match_parent"
5      android:layout_height="match_parent"
6      android:gravity="center_horizontal"
7      android:orientation="vertical"
8      tools:context=".ResultActivity">
9
10     <TextView
11         android:layout_width="wrap_content"
12         android:layout_height="wrap_content"
13         android:layout_marginTop="40dp"
14         android:text="@string/result_title"
15         android:textSize="20sp" />
16
17     <TextView
18         android:id="@+id/resultLabel"
19         android:layout_width="wrap_content"
20         android:layout_height="wrap_content"
21         android:layout_marginVertical="80dp"
22         android:textSize="24sp"
23         tools:text="@string/result_score" />
24
25     <Button
26         android:id="@+id/tryAgainBtn"
27         android:layout_width="wrap_content"
28         android:layout_height="wrap_content"
29         android:text="@string/btn_try_again" />
30 </LinearLayout>
```

「<」から「>」までの区切りごとに書いていけば迷わないぞ！

150

図 4-4-4 結果画面

この時点でのプレビュー画面には、左のような画面が表示されます。「**正解数：%d**」の **%d** は問題番号にも使ったプレースホルダーです（134 ページ）。MainActivity から正解数を受け取って表示します。

1 結果画面に正解数を渡そう

アクティビティを切り替えるには「**Intent（インテント）**」という機能を使います。
まずは MainActivity.kt の checkQuizCount メソッドに次のコードを追加します。

Code 4-4-2 MainActivity.kt

```
81    fun checkQuizCount() {
82        if (quizCount == QUIZ_COUNT) {                         インテントを用意する
83            val intent = Intent(this@MainActivity, ResultActivity::class.java)
84            intent.putExtra("RIGHT_ANSWER_COUNT", rightAnswerCount)
85            startActivity(intent)      結果画面を呼び出す       正解数を結果画面に渡す
86        } else {
```

Code 83行目 **インテントを用意する**

1つ目の引数はコンテキストです（123ページ）。2つ目の引数については詳細に触れると複雑になってしまうので、ここでは「表示するアクティビティ名 ::class.java」と書くと覚えてしまいましょう。

Code 84行目 **正解数を結果画面に渡す**

クイズの正解数を、変数「rightAnswerCount」を使って、結果画面に渡しています。

インテントについて

インテントを使うとアプリ内のアクティビティや他のアプリを開くことができます。インテントには2種類あって、クイズアプリの結果画面（ResultActivity）を開く場合など同じアプリ内のアクティビティを指定するものを「**明示的インテント**」と呼びます。もう一つ、電話やウェブブラウザなど適当なアプリが自動的に選択されて開くものを「**暗黙的インテント**」と呼びます。

●インテントの種類

152

2 正解数を表示しよう

結果画面にクイズの正解数を表示します。ResultActivty.kt を開いて次のコードを追加しましょう。

Code 4-4-3 ResultActivity.kt

```
7   class ResultActivity : AppCompatActivity() {
8
9       private lateinit var binding: ActivityResultBinding
10
11      override fun onCreate(savedInstanceState: Bundle?) {
12          super.onCreate(savedInstanceState)
13          binding = ActivityResultBinding.inflate(layoutInflater)
14          setContentView(binding.root)
15
            setContentView(R.layout.activity_result) ←―― 削除する。
16          val score = intent.getIntExtra("RIGHT_ANSWER_COUNT", 0) ●―― 正解数を受け取る
17          binding.resultLabel.text = getString(R.string.result_score, score)●―
18      }                                              正解数を表示する
19  }
```

Code 16行目 正解数を受け取る

ここでは **getIntExtra** メソッドで正解数を受け取っています。2つのアクティビティで値の受け渡しをするために、MainActivity.kt の 84 行目と、ResultActivity.kt の 16 行目で「**RIGHT_ANSWER_COUNT**」という部分の表記を揃えています。

Code 17行目 正解数を画面に表示する

正解数の文字列は strings.xml にプレースホルダーを使って用意しています。クイズ画面の問題番号「第1問」と同じようにプレースホルダー %d に正解数をセットしています。

```
11  <string name="result_score"> 正解数：%d</string>
```

3 「もう一度ボタン」を作ろう

最後に「もう一度」ボタンを押したらクイズ画面に戻るコードを書きましょう。クイズ画面から結果画面を表示したときと同じように、ここでもインテントを使っています。

Code 4-4-4 ResultActivity.kt

```
8   class ResultActivity : AppCompatActivity() {

12      override fun onCreate(savedInstanceState: Bundle?) {

20          binding.tryAgainBtn.setOnClickListener {
21              startActivity(Intent(this@ResultActivity, MainActivity::class.java))
22          }
23      }
24  }
```

4-4-4 アプリを実行してみよう

図 4-4-5 結果画面が表示される

ここでアプリを実行してみましょう。クイズがすべて終わった際に、結果画面が表示されたら完成です。

これでいつでもクイズに挑戦できるね！

Chapter

5

「好き」よ、世界に届け！
マイ推し図鑑

Chapter 5

「好き」よ、世界に届け！

この章で作成するアプリ

この章では、あなたの推し情報をまとめておける「マイ推し図鑑」を開発します。
「おすすめする」ボタンを押すと、
メールで推しの情報を友人や家族に送信することもできます。

Check!

推しを一覧表示

項目をタップすると
詳細画面が表示され
ます

Check!

おすすめ機能

推しの情報をメール
で送信できる

Roadmap
ロードマップ

SECTION 5-1 プロジェクトを準備しよう
> P158

下ごしらえの済んだ
プロジェクトを使うぞ！

SECTION 5-2 推しリストを作ろう
> P159

推しを並べる一覧リストを
作るぞ！

SECTION 5-3 推しリストをカスタマイズしよう
> P164

一覧リストに画像と名前を
表示するぞ！

SECTION 5-4 詳細画面を作ろう
> P169

推しの詳細データを
見れるようにするぞ！

SECTION 5-5 おすすめ機能を作ろう
> P172
FIN

推しを「布教」できる
ようにするぞ！

Point
── この章で学ぶこと ──

 データの一覧表示にはリストビューが便利！

 リストビューはカスタマイズできる！

 インテントでメールアプリを開くことができる！

Go next page! →

この章でも、**下ごしらえの済んだプロジェクトのファイルを使って開発を進めていきます。**

ダウンロードファイルの「**ch04**」→「**work**」フォルダの中にある「**Favorites**」フォルダを「**AndroidStudioProjects**」フォルダにコピーして、Android Studio で開いてください。手順は第3章と同じです（100ページ）。

このプロジェクトファイルでは「strings.xml」と「ViewBinding」の設定、アプリで使用する9点の画像、そして「アプリの詳細画面（DetailActivity.kt、activity_detail.xml）」と「Datasource.kt」というファイルの準備が済んでいます。

詳細画面は、第4章の結果画面と同じ手順（148ページ）で作成しています。Datasource.kt には推しの「画像」「名前」「誕生日」「説明」をまとめたデータを用意しています。

図 5-1-1 推しの詳細画面

推しの「画像」

推しの「名前」
「誕生日」「説明」

「おすすめする」ボタン

推しの情報がひとめでわかるね！

158

SECTION 5-2 | 推しリストを作ろう

まずは推しの「名前」だけを表示するシンプルなリストを作ってみましょう。

5-2-1 リストのビューを用意しよう

リストを表示するには「**ListView（リストビュー）**」を使います。activity_main.xml を開いたら右上の「**Split**」タブを選択します。すると、コードが表示されるので、**はじめから記載されている「TextView」のコードを削除して**、次のコードを追加しましょう。

Code **5-2-1** activity_main.xml

```xml
1  <?xml version="1.0" encoding="utf-8"?>
2  <androidx.constraintlayout.widget.ConstraintLayout xmlns:android="http://schemas.↵
   android.com/apk/res/android"
3      xmlns:app="http://schemas.android.com/apk/res-auto"
4      xmlns:tools="http://schemas.android.com/tools"
5      android:layout_width="match_parent"
6      android:layout_height="match_parent"
7      tools:context=".MainActivity">
8
9      <ListView
10         android:id="@+id/listView"
11         android:layout_width="0dp"
12         android:layout_height="0dp"
13         app:layout_constraintBottom_toBottomOf="parent"
14         app:layout_constraintLeft_toLeftOf="parent"
15         app:layout_constraintRight_toRightOf="parent"
16         app:layout_constraintTop_toTopOf="parent" />
17
18  </androidx.constraintlayout.widget.ConstraintLayout>
```

最初から書かれているTextViewの削除を忘れないように！

図 5-2-1 リストが表示される

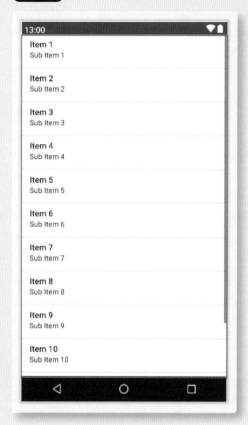

プレビュー画面に左のようなリストが表示されます。現在は仮のデータを表示しているだけです。これから実際のデータを用意していきましょう。

一覧リストを作るのが「リストビュー」だ！

5-2-2 リストにデータを表示しよう

リストに推しのデータを追加していきます。MainActivity.kt を開いて次のコードを追加しましょう。

Code **5-2-2** MainActivity.kt

```
9  class MainActivity : AppCompatActivity() {
10
11     private lateinit var binding: ActivityMainBinding
12
13     override fun onCreate(savedInstanceState: Bundle?) {
14         super.onCreate(savedInstanceState)
15         binding = ActivityMainBinding.inflate(layoutInflater)
16         setContentView(binding.root)
17
18         val data = listOf(
19             "Sakurairo", " タベザカリハルト ", " やみあがりけん ", " 太陽はらっぱ ",
   " 音谷一本串 ",
20             " なにわバナナ ", " ほうき星みぞれ ", " 準決まける ", " ぜんぜん "
21         )
22
23         binding.listView.adapter = ArrayAdapter(
24             this,
25             android.R.layout.simple_list_item_1,          リストにデータを表示する
26             data
27         )
28
29         binding.listView.setOnItemClickListener { parent, view, position, id ->
30             Toast.makeText(this@MainActivity, "${data[position]} を選択しました ",
   Toast.LENGTH_SHORT).show()
31         }
32     }                                                    クリックリスナーを設定する
33 }
```

Code 18〜21行目 **推しの名前データを用意する**

まずはシンプルなリストビューを表示したいので、ここでは推しの名前だけのデータを用意しています。データの追加や削除をする場合は「**MutableList**」を使います。

推しのデータを表示する

「**ArrayAdapter**」クラスを使って、リストビューの項目に推しの名前を表示していきます。次のようにコードを書いています。

```
1   ArrayAdapter(this, android.R.layout.simple_list_item_1, data)
```

1つ目の引数は、アプリやアプリ画面の情報を持つコンテキスト（123ページ）です。2つ目の引数は、リストの各項目に使うレイアウトです。「**android.R.layout.simple_list_item_1**」は「**テキスト項目が1つあるだけのレイアウト**」です。3つ目の引数は、リストに表示するデータです。18行目で用意した「**data**」をセットしています。

図 5-2-2 テキスト項目が1つだけのレイアウト

テキストが1つだけ
表示されている

タップした推しの名前を表示する

setOnItemClickListener を使って、項目をタップしたときに実行するコードを用意しています。ボタンのクリックリスナーと仕組みは同じです。**変数 position で「何番目の項目をタップしたか」がわかる**ので、「data[position]」でタップされた項目名を取得して「**Toast（トースト）**」を表示しています。トーストとは画面下に表示する簡易的なメッセージです。次のようにコードを書きます。

```
1   Toast.makeText( コンテキスト , 表示する文字列 , 表示時間 ).show()
```

3つ目の引数の表示時間は「Toast.LENGTH_SHORT（短い）」か「Toast.LENGTH_LONG（長い）」を指定できます。

図 5-2-3 トーストが表示される様子

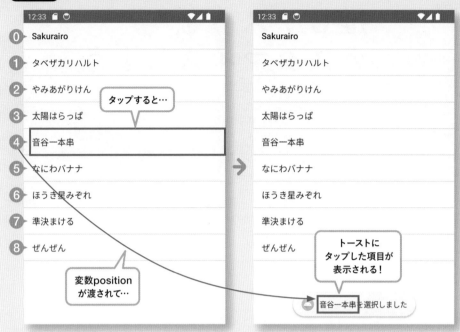

5-2-3 アプリを実行してみよう

ここでアプリを実行してみましょう。項目をタップすると画面下にトーストが表示されます。

図 5-2-4 項目をタップするとトーストが表示される

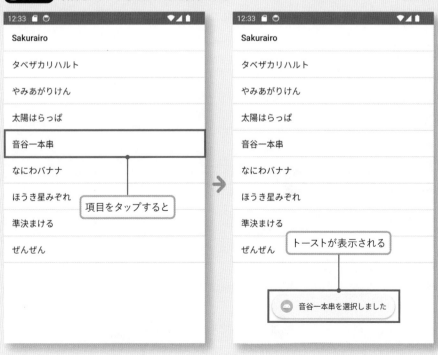

SECTION 5-3 推しリストを カスタマイズしよう

テキスト項目を1つ表示するリストは作ることができました。このアプリでは推しの一覧リストで「画像」と「名前」を表示します。そこで、ここからはオリジナルのレイアウトを作りましょう。

5-3-1 レイアウトを作ろう

「**layout**」フォルダの上で右クリックして「**New**」→「**Layout Resource File**」をクリックします。

図 5-3-1 レイアウトを作る①

「**File name**」に「**list_item**」と入力して「**OK**」をクリックします。

図 5-3-2 レイアウトを作る②

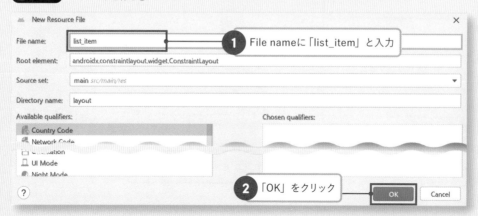

list_item.xml というファイルが作成されるので、エディタで次のようにコードを書き換えます。

Code **5-3-1** list_item.xml

```xml
1   <?xml version="1.0" encoding="utf-8"?>
2   <androidx.constraintlayout.widget.ConstraintLayout xmlns:android="http://schemas.↵
    android.com/apk/res/android"
3       xmlns:app="http://schemas.android.com/apk/res-auto"
4       xmlns:tools="http://schemas.android.com/tools"
5       android:layout_width="match_parent"
6       android:layout_height="match_parent"
7       android:padding="6dp">
8
9       <ImageView
10          android:id="@+id/image"
11          android:layout_width="50dp"
12          android:layout_height="50dp"
13          android:contentDescription="@string/image_description"
14          app:layout_constraintStart_toStartOf="parent"
15          app:layout_constraintTop_toTopOf="parent"
16          tools:src="@tools:sample/avatars" />
17
18      <TextView
19          android:id="@+id/name"
20          android:layout_width="wrap_content"
21          android:layout_height="wrap_content"
22          android:paddingStart="6dp"
23          android:paddingEnd="6dp"
24          android:textSize="18sp"
25          app:layout_constraintBottom_toBottomOf="@+id/image"
26          app:layout_constraintStart_toEndOf="@+id/image"
27          app:layout_constraintTop_toTopOf="@+id/image"
28          tools:text=" 推しの名前 " />
29
30  </androidx.constraintlayout.widget.ConstraintLayout>
```

> このコードも長いけど、息継ぎしながら書いていくぞ！

図 5-3-3 名前と画像を表示するレイアウト

推しの名前

プレビュー画面で左のようなレイアウトができるはずです。

5-3-2 リストにデータを表示しよう

作成した list_item.xml を使ってリストを表示してみましょう。MainActivity.kt を開いて次のように
コードを書き換えます。

Code **5-3-2** MainActivity.kt

```
9   class MainActivity : AppCompatActivity() {
10
11      private lateinit var binding: ActivityMainBinding
12
13      override fun onCreate(savedInstanceState: Bundle?) {
```
〰〰〰〰〰〰〰〰〰〰〰〰〰〰〰〰〰〰〰〰〰〰〰〰〰〰〰〰〰
```
16          setContentView(binding.root)
17
18          binding.listView.adapter = SimpleAdapter(
19              this,
20              listData,
21              R.layout.list_item,                      ┤ リストにデータを表示する
22              arrayOf("image", "name"),
23              intArrayOf(R.id.image, R.id.name)
24          )
25
26          binding.listView.setOnItemClickListener { parent, view, position, id ->
27              Toast.makeText(this, "${listData[position]["name"]} を選択しました ", ↵
    Toast.LENGTH_SHORT).show()
28          }
29      }                                                      ┤ リスナーを設定する
30  }
```

Code 18〜24行目 **SimpleAdapterクラスを使う**

推しのデータはあらかじめ「**Datasource.kt**」というファイルに用意されています。このデータを
扱うために使うのが「**SimpleAdapter**」というクラスです。

推しのデータ（ListData）を取り出して、リストビューに表示させています。

図 5-3-4 Datasource.ktに用意されているデータ

データと画面に表
示される要素が
対応してるんだね

5-3-3 アプリを実行してみよう

ここでアプリを実行してみましょう。画像と名前が表示されていれば成功です！

図 5-3-5 画像と名前が表示される

項目をタップすると

トーストが表示される

SECTION

5-4 | 詳細画面を作ろう

リストで推しの項目をタップしたら、その詳細データを表示できるようにしましょう。

5-4-1 タップされた項目を取得しよう

リストのどの項目をタップしたかは変数 **position** で取得できると説明しました（162 ページ）。まずはこの position を詳細画面（DetailActivity）に渡すコードを書いていきます。MainActivity.kt に書いた setOnItemClickListener を次のように書き換えましょう。

Code 5-4-1 MainActivity.kt

```
26        binding.listView.setOnItemClickListener { _, _, position, _ ->
27            startActivity(
28                Intent(this@MainActivity, DetailActivity::class.java).apply {
29                    putExtra("POSITION", position)
30                }
31            )
32        }
```

図 5-4-1 処理の流れのイメージ

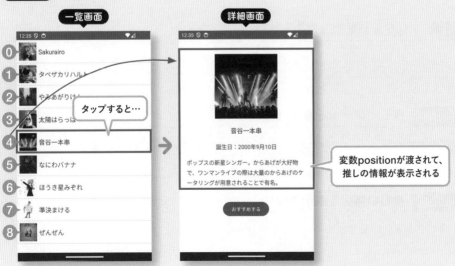

169

詳細画面では position を受け取って、Datasource.kt に書いてある「**listData**」から推し情報を取り出します。DetailActivity.kt を開いて、次のようにコードを追加します。

Code **5-4-2** DetailActivity.kt

```
7   class DetailActivity : AppCompatActivity() {
8
9       private lateinit var binding: ActivityDetailBinding
10
11      override fun onCreate(savedInstanceState: Bundle?) {
12          super.onCreate(savedInstanceState)
13          binding = ActivityDetailBinding.inflate(layoutInflater)
14          setContentView(binding.root)
15
16          val position = intent.getIntExtra("POSITION", 0)
17
18          val data = listData[position]
19          val name = data["name"].toString()
20          val birthday = data["birthday"].toString()
21          val explain = resources.getString(data["explain"].toString().toInt())
22
23          binding.detailImage.setImageResource(data["image"].toString().toInt())
24          binding.detailName.text = name
25          binding.detailBirthday.text = getString(R.string.label_birthday, birthday)
26          binding.detailExplain.text = explain
27      }
28  }
```

> 変数positionを受け取る
> 推しのデータを取り出す
> ビューに表示

Code 16行目 **ポジションを受け取る**

一覧画面でタップした項目がどれかわかるように、変数 position を受け取ります。

Code 18〜21行目 **推しのデータを取り出す**

受け取った position を使って、Datasource.kt の listData からデータを取り出します。

Code 23〜26行目 **推しの情報を表示する**

取り出した値をテキストビューとイメージビューにそれぞれ表示していきます。

5-4-3 アプリを実行してみよう

ここでアプリを実行してみましょう。

図 5-4-2 項目をタップすると詳細画面が表示される

5-5 | おすすめ機能を作ろう

5-5-1 おすすめメールを作ろう

　最後は「おすすめする」ボタンの機能を作っていきます。このボタンを押すとメールアプリで、推しの「名前」「誕生日」「説明」が送信できます。DetailActivity.kt に次のコードを追加します。

Code **5-5-1** DetailActivity.kt

```
12      override fun onCreate(savedInstanceState: Bundle?) {
```

```
27          binding.detailExplain.text = explain
28
29          binding.btnShare.setOnClickListener{
30              val subject = "【${name}】を布教 "
31              val message = " 推しの名前：${name}\n 誕生日：${birthday}\n\n${explain}"
32
33              val sendIntent: Intent = Intent().apply {
34                  action = Intent.ACTION_SEND
35                  putExtra(Intent.EXTRA_SUBJECT, subject)
36                  putExtra(Intent.EXTRA_TEXT, message)
37                  type = "text/plain"
38              }
39              val shareIntent = Intent.createChooser(sendIntent, null)
40              startActivity(shareIntent)
41          }
42      }
```

> メールの件名と本文を作成する

> インテントを用意する

人におすすめできないときはボタンを押さないように気をつけよう

そんな推しがいるのか？

図 5-5-1 Android Sharesheet

　ここ で は 情 報 を 簡 単 に 共 有 で き る **Android Sharesheet** を使っています。

　これは、例えばメールの件名・本文を設定すると、Gmail などメールを送るためのアプリを提案してくれるものです。

　ここでは Gmail アプリを開いています。エミュレータでも Gmail にログインしてメールを送信することができますが、読者の皆様が普段使っているスマートフォン（実機）ならば、他のメッセージアプリも表示されるので試してみましょう。実機でアプリを実行する方法は 217 ページを参照してください。

図 5-5-2　任意のアプリを選択できる

  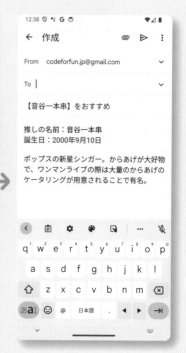

推しの情報をカスタマイズするには？

　このプロジェクトで使用した推しの情報は、本書が用意したサンプルです。次の手順で、自分自身の推しの情報にカスタマイズしてみてください。

①推しの画像はファイルを drawable フォルダに置く。画像のファイル名には、半角英字の小文字・数字・_（アンダースコア）を使用する
②推しの説明文は strings.xml のテキストを書き換える
③ Datasource.kt を開いて、赤字の部分のデータを書き換える

●Datasource.kt

```
1  mapOf("image" to R.drawable.画像のファイル名 , "name" to "推しの名前", "birthday"
   to "推しの誕生日", "explain" to R.string.推しの説明文)
```

Chapter
6

ボタンを押すだけ5秒で書ける！
ぜったい挫折しない日記帳

Chapter 6

ボタンを押すだけ5秒で書ける！

この章で作成するアプリ

この章で作るのは、三日坊主の人でも
挫折せずに続けられる日記帳アプリです。
2種類のボタンを選ぶだけで簡単に日記の文章を作成することができます。

Check!

日記作成ボタン

その日の「気分」と
「行動」をボタンで
選びます

Check!

文章を
ラクラク作成

ボタンを押すと日記
の文章が自動で作成
されます

Check!

日記の更新と
削除もできる

日記は一覧画面で管
理し、更新や削除が
できます

Roadmap
ロードマップ

Chapter 6

Point
── この章で学ぶこと ──

☑ 表示するデータが多いときはリサイクラービューを使う!

☑ データベースとやり取りをしてデータを保存・更新・削除する!

☑ 日付の選択にはデートピッカーが便利!

Go next page! →

6-1 プロジェクトを 準備しよう

6-1-1 プロジェクトを開こう

ダウンロードファイルの「**ch06**」→「**work**」フォルダの中にある「**Diary**」フォルダを「AndroidStudioProjects」フォルダにコピーして、Android Studio で開いてください。このプロジェクトファイルでは「strings.xml」と「ViewBinding」の設定、アイコンに使用する 10 枚の画像、日記の一覧画面と日記の追加・編集画面、そしてリスト項目のレイアウト（list_item.xml）の用意が済んでいます。

6-1-2 アプリを確認しよう

スタート時点でのアプリの状態を確認するために、一度アプリを実行してみましょう。

● 日記の一覧画面

図 6-1-1 日記の一覧画面

フローティング
アクションボタン

アプリを実行すると最初に表示されるのが「**日記の一覧画面**」（MainActivity.kt / activity_main.xml）です。第 5 章で使った「ListView」でサンプルデータを表示しています。

画面右下にある「＋」マークのボタンは「**FloatingActionButton（フローティングアクションボタン）**」です。「Float」は「浮く」という意味で、画面上で浮いているように見えるボタンのことです。通常のボタンと同じようにクリックリスナーを設定できます。

● 日記の追加・編集画面

図 6-1-2 日記の追加・編集画面

フローティングアクションボタンを押す
と「**日記の追加・編集画面**」（EditActivity.
kt ／ activity_edit.xml）が表示されます。
この画面では日記の追加と編集を行います。
第 4 章の結果画面（148 ページ）と同じ手順
で「EditActivity」という名前で作成していま
す。ボタンに使用しているアイコン画像は、
あらかじめ用意が済んでいます。

アプリの見た目はでき
ているから、機能を作
り込んでいくよ！

日記の一覧を表示する画面では第5章で使ったリストビューを使うことができますが、表示するデータ数が多い場合は「RecyclerView（リサイクラービュー）」が推奨されています。日記アプリは登録されるデータが多くなることが予想されるので、まずはリストビューをリサイクラービューに書き換えてみましょう。

リサイクラービューって何？

リサイクラービューでは、**画面の要素をリサイクル（再利用）する**ことができます。例えば、メールアプリでは画面をスクロールして過去のメールをさかのぼることができますが、スクロールして画面の外に消えたビューの要素を、新しく表示される要素として再利用しています。ビューを再利用することで端末に負担をかけないアプリにすることができます。

● リサイクラービューのイメージ

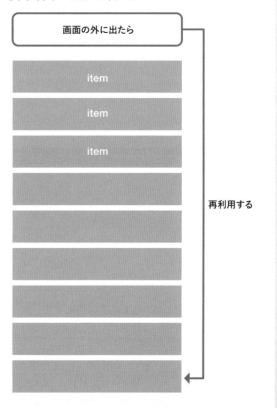

画面の外に出たらリサイクルされるんだ

6-2-1 ファイルを用意しよう

　リサイクラービューを作るにはファイルを 2 つ用意します。このプロジェクトでは他にも追加する
ファイルが出てくるため、わかりやすいようにリサイクラービュー関連のファイルは 1 つのフォルダ
にまとめましょう。

1 フォルダを作る

　プロジェクトウィンドウの「**com.example.diary**」を右クリックして「**New**」→「**Package**」をク
リックします。

図 6-2-1 フォルダを作る①

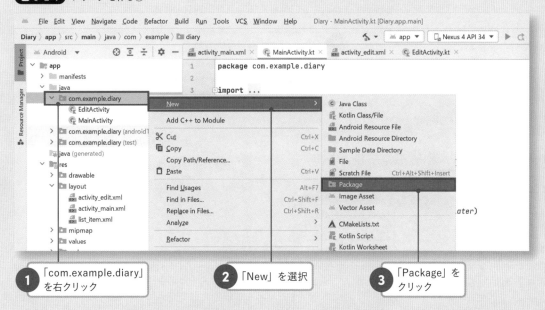

1 「com.example.diary」を右クリック

2 「New」を選択

3 「Package」をクリック

　入力欄に「**com.example.diary.recyclerview**」と入力して［**Enter**］キーを押します。

図 6-2-2 フォルダを作る②

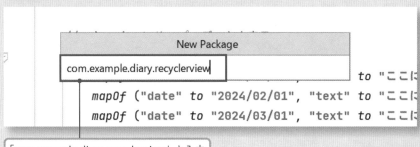

「com.example.diary.recyclerview」と入力

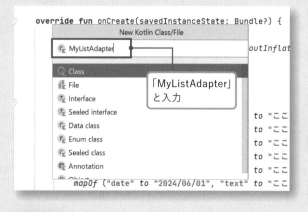

2 ファイルを作る

次にリサイクラービューを使うために必要なファイルを 2 つ作成します。「**recyclerview**」フォルダを右クリックして「**New**」→「**Kotlin Class/File**」をクリックします。

図 6-2-3 ファイルを作る①

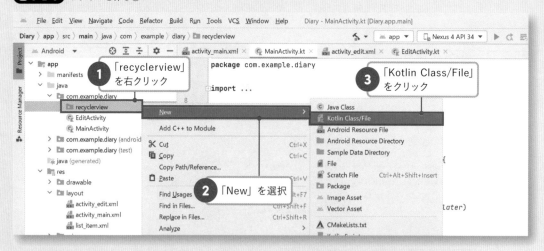

図 6-2-4 ファイルを作る②

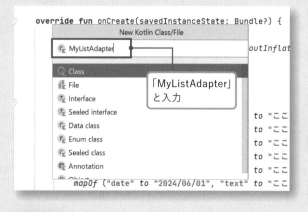

入力欄に「**MyListAdapter**」と入力して［**Enter**］キーをクリックします。

図 6-2-5 2つのファイルが準備できた

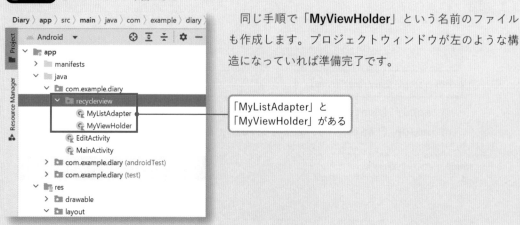

同じ手順で「**MyViewHolder**」という名前のファイルも作成します。プロジェクトウィンドウが左のような構造になっていれば準備完了です。

6-2-2 日付と文章を表示するビューを用意しよう

まずは MyViewHolder クラスを用意していきましょう。MyViewHolder.kt をエディタで開いて、次のようにコードを書き変えてください。

Code **6-2-1** MyViewHolder.kt

```
1   package com.example.diary.recyclerview
2
3   import android.view.View
4   import android.widget.TextView
5   import androidx.recyclerview.widget.RecyclerView
6   import com.example.diary.R
7
8   class MyViewHolder(itemView: View) : RecyclerView.ViewHolder(itemView) {
9       val itemDate: TextView = itemView.findViewById(R.id.itemDate)
10      val itemText: TextView = itemView.findViewById(R.id.itemText)
11  }
```

日付と日記の文章を表示する 2 つのテキストビューは、list_item.xml に用意してあります。この 2 つのテキストビューと表示するデータを紐づけるためのコードです。

6-2-3 表示するデータを管理しよう

次はリサイクラービューの核となる MyListAdapter のコードを書いていきます。ここではリサイクラービューに表示するデータを管理します。

1 データを準備する

MyListAdapter.kt を開いて**コード 6-2-2**（次ページ）のようにコードを書きます。この時点では、5 行目の「class MyListAdapter」の部分に赤い波線が表示されてしまいますが、気にせずに進めてください。

Code **6-2-2** MyListAdapter.kt

```
1   package com.example.diary.recyclerview
2
3   import androidx.recyclerview.widget.RecyclerView
4
5   class MyListAdapter(private val data: MutableList<Map<String, String>>) :
6       RecyclerView.Adapter<MyViewHolder>() {
7   }
```

Code 5行目 ## リサイクラービューに表示するデータ

変数 data はリサイクラービューに表示するデータです。MainActivity からデータが渡されます。

Code 6行目 ## リサイクラービューを使う設定をする

「**RecyclerView.Adapter**」というクラスを使うための設定です。「データを表示するテキストは MyViewHolder で管理しています」ということを伝えています。

2 3つのメソッドを追加する

次に RecyclerView.Adapter クラスを使うのに必要な、3つのメソッドを追加します。赤い波線部分をクリックすると表示される「**赤い豆電球マーク**」をクリックして「**Implement members**」をクリックします。

図 6-2-6 メソッドを追加する①

184

図 6-2-7 メソッドを追加する②

3つのメソッドが選択されている状態で「**OK**」を押します。すると、MyListAdapter.kt にメソッドのコードが追加されます。

メソッドのコードが自動で追加されるぞ

メソッドが追加されたら、次のコードを追加します。「**TODO("Not yet implemented")**」という
コードは削除してください。

Code **6-2-3** MyListAdapter.kt

```kotlin
1    package com.example.diary.recyclerview
2
3    import android.view.LayoutInflater
4    import android.view.ViewGroup
5    import androidx.recyclerview.widget.RecyclerView
6    import com.example.diary.R
7
8    class MyListAdapter(private val data: MutableList<Map<String, String>>) :
9        RecyclerView.Adapter<MyViewHolder>() {
10       override fun onCreateViewHolder(parent: ViewGroup, viewType: Int): MyViewHolder {
11           return MyViewHolder(
12               LayoutInflater.from(parent.context).inflate(R.layout.list_item, parent, ⏎
     false)
13           )
14       }
15
16       override fun getItemCount(): Int {
17           return data.size
18       }
19
20       override fun onBindViewHolder(holder: MyViewHolder, position: Int) {
21           holder.itemDate.text = data[position]["date"]
22           holder.itemText.text = data[position]["text"]
23       }
24   }
```

（11〜13行目）リストの項目を作る

（17行目）データの件数を調べる

（21〜22行目）日付と文章を反映する

Code 11〜13行目 **リストの項目を作る**

「**onCreateViewHolder**」メソッドです。先ほど用意した MyViewHolder クラスが呼ばれて各項目
のビューが準備されていきます。

Code 16〜18行目 **表示するデータの件数を調べる**

表示するデータが何件あるかを調べるのが「**getItemCount**」メソッドです。

Code 20〜23行目 **テキストビューに日付と文章を反映する**

　変数 position を使って data から要素を 1 つ取り出し、MyViewHolder クラスに用意したテキストビューに日付と文章を反映しています。

図 6-2-8 日付と文章を反映する

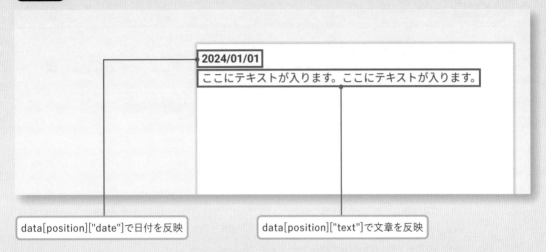

data[position]["date"]で日付を反映　　　　data[position]["text"]で文章を反映

　リサイクラービューを作る流れを図示すると、次のようになります。

図 6-2-9 リサイクラービューを作る流れ

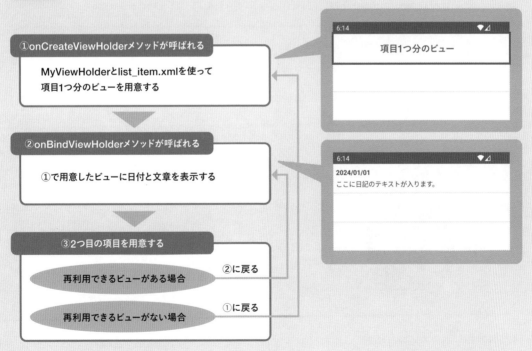

6-2-4 リストを表示するビューを用意しよう

リサイクラービューの準備はできたので、次はデータを表示するためのビューを用意しましょう。
activity_main.xml にある「**ListView**」を削除して「**RecyclerView**」を追加します。

Code 6-2-4 activity_main.xml

```
1   <?xml version="1.0" encoding="utf-8"?>
2   <androidx.constraintlayout.widget.ConstraintLayout xmlns:android="http://schemas.⏎
    android.com/apk/res/android"
```

```
7       tools:context=".MainActivity">
8
9       <androidx.recyclerview.widget.RecyclerView
10          android:id="@+id/recyclerView"
11          android:layout_width="0dp"
12          android:layout_height="0dp"
13          app:layout_constraintBottom_toBottomOf="parent"
14          app:layout_constraintEnd_toEndOf="parent"
15          app:layout_constraintStart_toStartOf="parent"
16          app:layout_constraintTop_toTopOf="parent" />
17
18      <com.google.android.material.floatingactionbutton.FloatingActionButton
```

「ListView」の
コードを削除し忘
れないように！

6-2-5 データを表示しよう

　リサイクラービューにデータを反映して、アプリ画面に表示しましょう。MainActivity.kt を開いて、次のようにコードを書き換えます。「import android.widget.SimpleAdapter」の行と、「binding.listView.adapter = SimpleAdapter(〜」からはじまる 7 行のコードは削除してください。

Code **6-2-5** MainActivity.kt

```
15      override fun onCreate(savedInstanceState: Bundle?) {
　　　　　　　　　　　　　　　　　～　～　～
20          val sampleData = mutableListOf(
21              mapOf ("date" to "2024/01/01", "text" to "ここに日記のテキストが入ります。"),
　　　　　　　　　　　　　　　　　～　～　～
32              mapOf ("date" to "2024/12/01", "text" to "ここに日記のテキストが入ります。")
33          )
34
35          binding.recyclerView.layoutManager = LinearLayoutManager(this)      ┐ リサイクラー
36          binding.recyclerView.adapter = MyListAdapter(sampleData)            ┘ ビューの設定
37
38          val dividerItemDecoration = DividerItemDecoration(this ⏎           ┐ 区切り線
    @MainActivity, DividerItemDecoration.VERTICAL)                              │ を入れる
39          binding.recyclerView.addItemDecoration(dividerItemDecoration)      ┘
40
41          binding.fab.setOnClickListener {
```

Code 35〜36行目 **リサイクラービューを表示する**

　リサイクラービューで必要になるのがこの 2 行です。35 行目の「**LinearLayoutManager**」はリストの並び方など、表示方法を設定するクラスです。36 行目で「**MyListAdapter(sampleData)**」とすることで MyListAdapter クラスに用意した変数 data に sampleData がセットされます。

Code 38〜39行目 **項目に区切り線をつける**

　リサイクラービューはリストビューのように項目ごとの区切り線がつかないので、自分で設定を追加する必要があります。

6-2-6 アプリを実行してみよう

図 6-2-10 リストが表示される

ここでアプリを実行してみましょう。リストビューと同じように、リストが表示されたら成功です。

Check Point

画面が真っ白になった！

リサイクラービューが正しく用意できていない可能性があります。MainActivity に書いたコードを確認してみましょう。

SECTION 6-3 | データベースを用意しよう

6-3-1 データベースって何？

ここからはデータを保存する場所である「**データベース**」を用意していきます。「データベース」といっても目に見えないのでわかりにくいかもしれませんが、「**データを入れる箱**」のようなものをイメージしてみましょう。その箱の中に「**テーブル（表）**」を作ってデータを書き込んでいきます。テーブルは1つのデータベースの中にいくつでも作成することができ、どのようなデータを書き込むかもテーブルごとに決めることができます。日記アプリではデータベースの中にテーブルを1つ作成して日付と文章を保存します（※1）。

図 6-3-1 データベースのイメージ

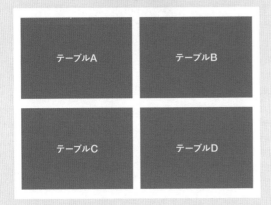

データベース

テーブルA	テーブルB
テーブルC	テーブルD

日記データベース

日付	テキスト
2024/01/01	日記のテキストが入ります。
2024/02/01	日記のテキストが入ります。
2024/03/01	日記のテキストが入ります。
2024/04/01	日記のテキストが入ります。
2024/05/01	日記のテキストが入ります。
2024/06/01	日記のテキストが入ります。

日記の日付や文章をデータベースで管理するんだ

※1 データベースには Room, Firebase などいくつか選択肢がありますが、今回は一番手軽に使うことができる SQLite Database を使って実装していきましょう。

6-3-2 データベースを作ろう

1 ファイルを作る

まずはデータベースを管理するためのファイルを作成します。プロジェクトウィンドウで「**com. example.diary**」を右クリックし、「**New**」→「**Kotlin Class/File**」をクリックします。

図 6-3-2 ファイルを作る①

1 「com.example.diary」を右クリック

2 「New」を選択

3 「Kotlin Class/File」をクリック

図 6-3-3 ファイルを作る②

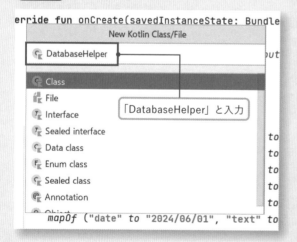

「**DatabaseHelper**」と入力して [**Enter**] キーを押します。

「DatabaseHelper」と入力

2 データベースを管理するクラスを作る

ファイルが作成できたら、次のようにコードを書きます。この時点では、6行目の「class DatabaseHelper」の部分に赤い波線が表示されてしまいますが、気にせずに進めてください。

Code **6-3-1** DatabaseHelper.kt

```
1   package com.example.diary
2
3   import android.content.Context
4   import android.database.sqlite.SQLiteOpenHelper
5
6   class DatabaseHelper(context: Context) :
7       SQLiteOpenHelper(context, DB_NAME, null, DB_VERSION) {
8
9       companion object {
10          private const val DB_NAME = "diary.sqlite"
11          private const val DB_VERSION = 1
12      }
13  }
```

Code **7行目** **SQLiteOpenHelperクラスを使う準備**

データベースにデータを保存するには、データベースを開く、テーブルを作成するなどのコードが必要になります。これらのコードを用意してくれているのが「**SQLiteOpenHelper**」クラスです。このクラスを使うための初期設定を7行目に書いています。

表 6-3-1 SQLiteOpenHelperの初期設定

context	コンテキスト
DB_NAME	使用するデータベース名。10行目で定義しています
null	表示するデータに関するカスタマイズに使用しますが、基本的には「null」と書いておけば問題ありません
DB_VERSION	データベースのバージョンを整数で指定。11行目で定義しています

コードを追加すると「**DatabaseHelper**」部分に赤い波線がついています。これは必要なメソッドがないことが原因です。赤い波線をクリックすると表示される「**赤い豆電球のマーク**」をクリックし、「**Implement members**」をクリックします。

図 6-3-4 メソッドを追加する①

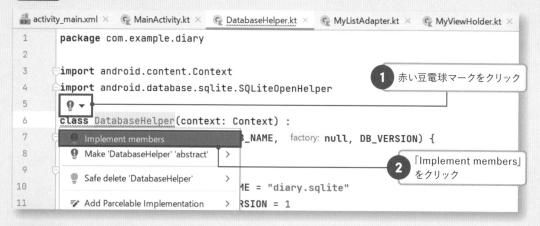

図 6-3-5 メソッドを追加する②

onCreate メソッドと onUpgrade メソッドが選択されている状態で「**OK**」を押します。onCreate メソッドと onUpgrade メソッドが追加されたら準備完了です。

4 テーブルを作る

まずは **onCreate** メソッドから、コードを書いていきましょう。

Code　**6-3-2**　DatabaseHelper.kt

```
15    override fun onCreate(p0: SQLiteDatabase?) {
16        p0?.let {
17            it.execSQL("CREATE TABLE items(" +
18                    "diary_date TEXT PRIMARY KEY, diary_text TEXT)")    テーブルを作る
19
20            it.execSQL("INSERT INTO items(diary_date, diary_text)" +
21                    "VALUES('2024/01/01', 'テスト１')")                  データを
22            it.execSQL("INSERT INTO items(diary_date, diary_text)" +    追加する
23                    "VALUES('2024/02/01', 'テスト２')")
24        }
25    }
```

Code　17〜18行目　**テーブルの作成**

　データベースに変更を加えるときは「**SQL文**」（※2）という命令文を使います。このSQL文を
execSQL メソッドで実行して、テーブルの作成、データの保存・更新・削除を行います。「**"CREATE
TABLE..."**」の部分がSQL文で、テーブルを作成する場合、次のようなコードを書きます。

```
1    CREATE TABLE テーブル名 ( カラム名 型 PRIMARY KEY, カラム名 型 , カラム名 型 , …)
```

　カラムは表でいう「列」にあたります。日記アプリでは「日付と文章がセットで1つのデータ」に
なります。日付のカラムを **diary_date**、文章のカラムを **diary_text** とそれぞれ名づけています。型
はどちらも文字列を表す **TEXT** にしています。「**PRIMARY KEY（プライマリーキー）**」はデータを重
複させないために使います。ここでは diary_date カラムにプライマリーキーを指定して、**同じ日付の
日記が複数保存されないように**しています（※3）。

※2　SQL は Structured Query Language（ストラクチャード・クエリー・ランゲージ）の略。
※3　一般的には _id という名前のカラムを用意してプライマリーキーを指定しますが、ここではコードを簡単にするために使用しません。

図 6-3-6 日記のテーブル

日付	文章
2024/01/01	日記のテキストが入ります。
2024/02/01	日記のテキストが入ります。
2024/03/01	日記のテキストが入ります。
2024/04/01	日記のテキストが入ります。
2024/05/01	日記のテキストが入ります。
2024/06/01	日記のテキストが入ります。

Code 20～21行目 **データの保存**

仮の日記データを保存しています。ここでも SQL 文を execSQL メソッドで実行します。データを保存する SQL 文は「差し込む」という意味の「**INSERT（インサート）**」を使います。次のように記述します。

```
1   INSERT INTO テーブル名 ( カラム 1 , カラム 2 ) VALUES( カラム 1 に保存するデータ , ↵
    カラム 2 に保存するデータ )
```

5 不要なメソッドを整理する

最後に今回のアプリでは不要なメソッドを整理します。「**onUpgrade**」メソッドはテーブルを更新する際に必要になりますが、今回は必要がないので、中身を空っぽにしておきましょう。

Code 6-3-3 DatabaseHelper.kt

```
27      override fun onUpgrade(p0: SQLiteDatabase?, p1: Int, p2: Int) {
28      }
```

196

6-4 | データを 表示してみよう

テーブルが作成されて仮データが保存できているかどうか確認するために、データを取り出してリサイクラービューに表示してみましょう。

6-4-1 データベースを開こう

MainActivity.kt を開いて、次のようにコードを修正します。あらかじめ書かれていた sampleData は削除してください。

Code **6-4-1** MainActivity.kt

```kotlin
11  class MainActivity : AppCompatActivity() {
12
13      private lateinit var binding: ActivityMainBinding
14      private lateinit var dbHelper: DatabaseHelper
15
16      override fun onCreate(savedInstanceState: Bundle?) {
17          super.onCreate(savedInstanceState)
18          binding = ActivityMainBinding.inflate(layoutInflater)
19          setContentView(binding.root)
20
21          val data = mutableListOf<Map<String, String>>()          ← データベースから取り出したデータを入れる
22
23          dbHelper = DatabaseHelper(this@MainActivity)              ← データベースの用意
24          dbHelper.readableDatabase.use { db ->                     ┐
25          }                                                         ┘ データを取り出す
26
27          binding.recyclerView.layoutManager = LinearLayoutManager(this)
28          binding.recyclerView.adapter = MyListAdapter(data)
```

```kotlin
36      }
37  }
```

データベースに対して処理を行うためのコードです。ここではデータを取り出すだけなので読み取り専用の「**readableDatabase**」を使っています。データに変更を加えるときは「**writableDatabase**」を使います。データベースは最後に「**close**」メソッドで閉じる必要がありますが、ついつい忘れがちになってしまいます。これを防ぐために使うのが「**use**」です（※4）。

6-4-2　データを取り出そう

それではデータを取り出すコードを書きましょう。次のコードを追加します。

Code　**6-4-2**　MainActivity.kt

```
24        dbHelper.readableDatabase.use { db ->
25            val cursor = db.query(
26                "items", null, null, null, null, null,         ⎤ 検索する
27                "diary_date DESC", null                        ⎟
28            )                                                  ⎦
29
30            cursor.use {                                       ⎤
31                while (it.moveToNext()) {                      ⎟
32                    data.add(mapOf("date" to it.getString(0), "text" to ↵   ⎬ データ
   it.getString(1)))                                           ⎟   を取得
33                }                                              ⎟
34            }                                                  ⎦
35        }
```

Code　25〜28行目　**データを取り出す条件を指定する**

「**query**」メソッドを使ってデータを取得する条件を指定します。queryメソッドの書き方は次の通りです。**コード6-4-2**では、日記データは**items**テーブルに保存しているので「**items テーブルから日付（diary_date）が新しい順に取得する**」という条件を書いています。**DESC** は Descending（降順）という意味です（※5）。

```
1  query(String table, String[] columns, String selection, String[] selectionArgs,
2           String groupBy, String having, String orderBy, String limit) {
```

※4　use は Kotlin の拡張関数という機能の1つで、自動的に close メソッドを呼び出してくれます。データベースを使うときは use もセットで使うように覚えておくのがおすすめです。

表6-4-1 queryメソッドの引数

String table	テーブル名
String[] columns	取得するカラム
String selection	検索条件
String[] selectionArgs	検索条件に使う値
String groupBy	グループ化
String having	グループに関する条件
String orderBy	並び順
String limit	取得する件数

Code 30〜34行目 **データを取り出す**

　queryメソッドを実行すると「**Cursor（カーソル）オブジェクト**」という形で検索結果が返されます。カーソルは「取得したデータを1行ずつ読み出す」という方法でデータを取り出していきます。

カーソルオブジェクトって何？

　カーソルオブジェクトとは「**どの行を指しているのか**」を表すものです。パソコンのマウスを動かすときに表示される小さな矢印のことも「**カーソル**」と呼びますね。それと同じようにカーソルオブジェクトも「〜行目のデータを指している」とイメージしてみましょう。
　下の図の吹き出しをカーソルだと考えてみてください。このカーソルを1行ずつ下に動かしてデータを取り出していきます。

● データを取り出していくイメージ

日付	文章
2024/01/01	日記のテキストが入ります。
2024/02/01	日記のテキストが入ります。
2024/03/01	日記のテキストが入ります。

1行ずつ
取り出していく

　コード6-4-2で、1行ずつデータを取り出している部分が「**while (it.moveToNext())**」です。「**moveToNext**」メソッドでカーソルのポジション（位置）を動かしながら読み出していきます。データを取得した時点でのカーソルのポジションは「-1」になっていますが、1行目のデータのポジションは「0」からはじまります。

※5　昇順にする場合はASC（Ascending）を指定します。

6-4-3 アプリを実行してみよう

図 6-4-1 データが表示される

ここでアプリを実行してみましょう。DatabaseHelper.kt の onCreate メソッドで保存した 2 つのデータが表示されていれば成功です！

保存していたテストデータが表示されるぞ

200

SECTION 6-5 | 日記の保存機能を作ろう

データベースが使えるようになったので日記を保存してみましょう。日記の保存と編集は同じアプリ画面（EditActivity）で行います。

6-5-1 日付を選択できるようにしよう

1 ファイルを作る

図 6-5-1 デートピッカー

まずは日付の入力欄をタップしたら表示する「**DatePicker（デートピッカー）**」を用意しましょう。デートピッカーは日付（Date）を選択（Pick）するための機能です。

第4章で正解・不正解を表示するために使ったダイアログ（138ページ）と仕組みはほとんど同じです。まずはデートピッカー用のファイルを作りましょう。

日付の選択が簡単にできるようになるね！

プロジェクトウィンドウで「**com.example.diary**」を右クリックし、「**New**」→「**Kotlin Class/File**」をクリックします。

図 6-5-2 ファイルを作る①

1 「com.example.diary」を右クリック

2 「New」を選択

3 「Kotlin Class/File」をクリック

図 6-5-3 ファイルを作る②

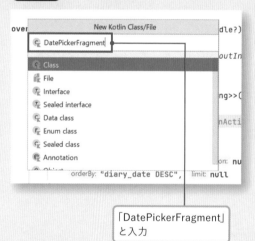

入力欄に「**DatePickerFragment**」と入力し、[**Enter**] キーを押します。

「DatePickerFragment」と入力

2 メソッドの機能を作る

DatePickerFragment.kt が作成されたら、次のようにコードを書きます。

Code **6-5-1** DatePickerFragment.kt

```
1   package com.example.diary
2
3   import android.app.DatePickerDialog
4   import android.app.Dialog
5   import android.os.Bundle
6   import android.widget.DatePicker
7   import android.widget.EditText
8   import androidx.fragment.app.DialogFragment
9   import java.util.Calendar
10
11  class DatePickerFragment : DialogFragment(), DatePickerDialog.OnDateSetListener {
12
13      override fun onCreateDialog(savedInstanceState: Bundle?): Dialog {
14          val c = Calendar.getInstance()
15          val year = c.get(Calendar.YEAR)             ── 現在の年月日を取得
16          val month = c.get(Calendar.MONTH)
17          val day = c.get(Calendar.DAY_OF_MONTH)
18
19          return activity?.let {
20              DatePickerDialog(
21                  it,
22                  this,
23                  year,                               ── デートピッカーに現在の年月日を設定する
24                  month,
25                  day
26              )
27          } ?: throw IllegalStateException(" アクティビティが Null です。 ")
28      }
29
30      override fun onDateSet(view: DatePicker?, year: Int, month: Int, dayOfMonth: Int) {
31          activity?.findViewById<EditText>(R.id.diaryDate)?.setText(
32              getString(R.string.formatted_date, year, month+1, dayOfMonth)
33          )
34      }
35  }
```

Code 30〜34行目 日付を反映する

ここでのポイントは 30 行目の「**onDateSet**」メソッドです。デートピッカーで日付を選択して「OK」を押したら、テキスト入力欄に日付が反映されるようにしています。

図 6-5-4 日付が入力欄に反映される

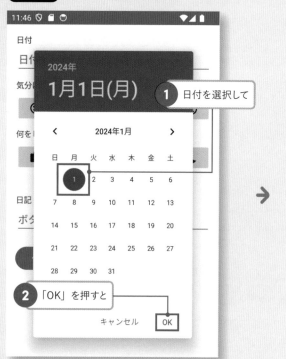

→

3 クリックリスナーを設定する

デートピッカーを開くためにテキスト入力欄（EditText）にクリックリスナーを設定します。EditActivity.kt を開いて次のコードを追加します。

Code 6-5-2 EditActivity.kt

```
11      override fun onCreate(savedInstanceState: Bundle?) {
12          super.onCreate(savedInstanceState)
13          binding = ActivityEditBinding.inflate(layoutInflater)
14          setContentView(binding.root)
15
16          binding.diaryDate.setOnClickListener {
17              val datePicker = DatePickerFragment()
18              datePicker.show(supportFragmentManager, "datePicker")
19          }
20      }
```

クリックリスナーを設定

6-5-2 日記の文章を作れるようにしよう

図 6-5-5 ボタンで文章が作成される

次は「気分」と「行動」を選択するボタンを作っていきます。このボタンをタップすると、自動で日記の文章が作成される仕組みです。

変数とクリックリスナーを用意する

まずは変数とクリックリスナーを用意します。

Code **6-5-3** EditActivity.kt

```
8   class EditActivity : AppCompatActivity() {
9
10      private lateinit var binding: ActivityEditBinding
11      private var textFeeling: String? = ""
12      private var textAction: String? = ""
13
14      override fun onCreate(savedInstanceState: Bundle?) {
```

```
24          binding.feelGreat.setOnClickListener{ feelClicked(it) }
25          binding.feelGood.setOnClickListener{ feelClicked(it) }
26          binding.feelNormal.setOnClickListener{ feelClicked(it) }
27          binding.feelBad.setOnClickListener{ feelClicked(it) }
28          binding.feelAwful.setOnClickListener{ feelClicked(it) }
29
30          binding.actionWork.setOnClickListener { actionClicked(it) }
31          binding.actionWorkout.setOnClickListener { actionClicked(it) }
32          binding.actionShopping.setOnClickListener { actionClicked(it) }
33          binding.actionMovie.setOnClickListener { actionClicked(it) }
34          binding.actionSleep.setOnClickListener { actionClicked(it) }
35      }
36
37      private fun feelClicked(view: View) {
38      }
39
40      private fun actionClicked(view: View) {
41      }
42  }
```

24～34: クリックリスナーを設定
37～38: 気分を選択する
40～41: 行動を選択する

ここでは各ボタンにクリックリスナーをセットしています。

図 6-5-6 ボタンと対応するクリックリスナー

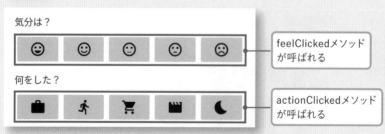

気分は？ → feelClickedメソッドが呼ばれる

何をした？ → actionClickedメソッドが呼ばれる

2 メソッドの機能を作る

次に「**feelClicked**」メソッドと「**actionClicked**」メソッドのコードを書いていきます。

Code **6-5-4** EditActivity.kt

```
37    private fun feelClicked(view: View) {
38        textFeeling = when (view.id) {
39            R.id.feelGreat -> " 今日の気分は最高！！"
40            R.id.feelGood -> " 今日の気分は良い！"
41            R.id.feelNormal -> " 今日の気分は普通。"
42            R.id.feelBad -> " 今日の気分は微妙。"
43            else -> " 今日の気分は最悪、、、"
44        }
45        updateDiaryText()
46    }
47
48    private fun actionClicked(view: View) {
49        textAction = when (view.id) {
50            R.id.actionWork -> " 一日中仕事をした。"
51            R.id.actionWorkout -> " しっかり運動をした。"
52            R.id.actionShopping -> " 友達と買い物に行った。"
53            R.id.actionMovie -> " 久しぶりに映画を見た。"
54            else -> " ずっと寝ていた。"
55        }
56        updateDiaryText()
57    }
58
59    private fun updateDiaryText() {
60        binding.diaryText.setText(getString(R.string.diary_text, textFeeling, ⏎
    textAction))
61    }
62 }
```

どちらのメソッドも押されたボタンを判定して変数 **textFeeling**、**textAction** に文章を追加しています。ボタンを押したらすぐに日記の文章を更新したいので、**updateDiaryText** メソッドを用意しました。ボタンが押されたら updateDiaryText メソッドが呼ばれて日記の文章が作成されます。

6-5-3 日記を保存する

　保存ボタンにクリックリスナーをセットして保存処理を書いていきましょう。次のようにコードを追加します。

Code **6-5-5** EditActivity.kt

```kotlin
11  class EditActivity : AppCompatActivity() {
12
13      private lateinit var binding: ActivityEditBinding
14      private lateinit var dbHelper: DatabaseHelper

18      override fun onCreate(savedInstanceState: Bundle?) {

21          setContentView(binding.root)
22
23          dbHelper = DatabaseHelper(this@EditActivity)          ● データベースの用意
24
25          binding.btnSave.setOnClickListener {          ● 保存ボタン
26              if (binding.diaryDate.text.isNullOrBlank() || binding.diaryText.text.↵
    isNullOrBlank()) {          ● 入力チェック
27                  Toast.makeText(this, "未入力の項目があります。", Toast.LENGTH_SHORT).↵
    show()
28                  return@setOnClickListener
29              }
30
31              dbHelper.writableDatabase.use { db ->          ● データベースを開く
32                  val values = ContentValues().apply {
33                      put("diary_date", binding.diaryDate.text.toString())
34                      put("diary_text", binding.diaryText.text.toString())
35                  }
36                  db.insert("items", null, values)          ● 保存
37                  startActivity(Intent(this@EditActivity, MainActivity::class.java))
38              }
39          }
40
41          binding.diaryDate.setOnClickListener {
```

保存するデータを用意

MainActivityを表示

208

Code 23行目 **データベースの準備**

MainActivity でデータを取り出したとき（コード 6-4-1）と同じようにデータベースを使うための準備をします。

Code 26〜29行目 **入力チェック**

日付と文章が入力されているかをチェックします。どちらかが未入力の場合はトースト（162 ページ）でメッセージを表示して、**return** で処理を止めます。

Code 31〜38行目 **データを保存する**

データを取り出したときは readableDatabase を使いましたが、今回はデータを書き込むので **writableDatabase** を使います。

保存するデータは **ContentValues** オブジェクトで用意します。**put(カラム名 , 値)** で保存する値をセットします。最後に **insert** メソッドでデータを保存します。

このアプリでは日付と文章がセットで保存される必要があります。どちらかの値を追加し忘れたときにデータが追加されないように 2 つ目の引数は **null** にしておきます。

図 6-5-7 処理の流れのイメージ

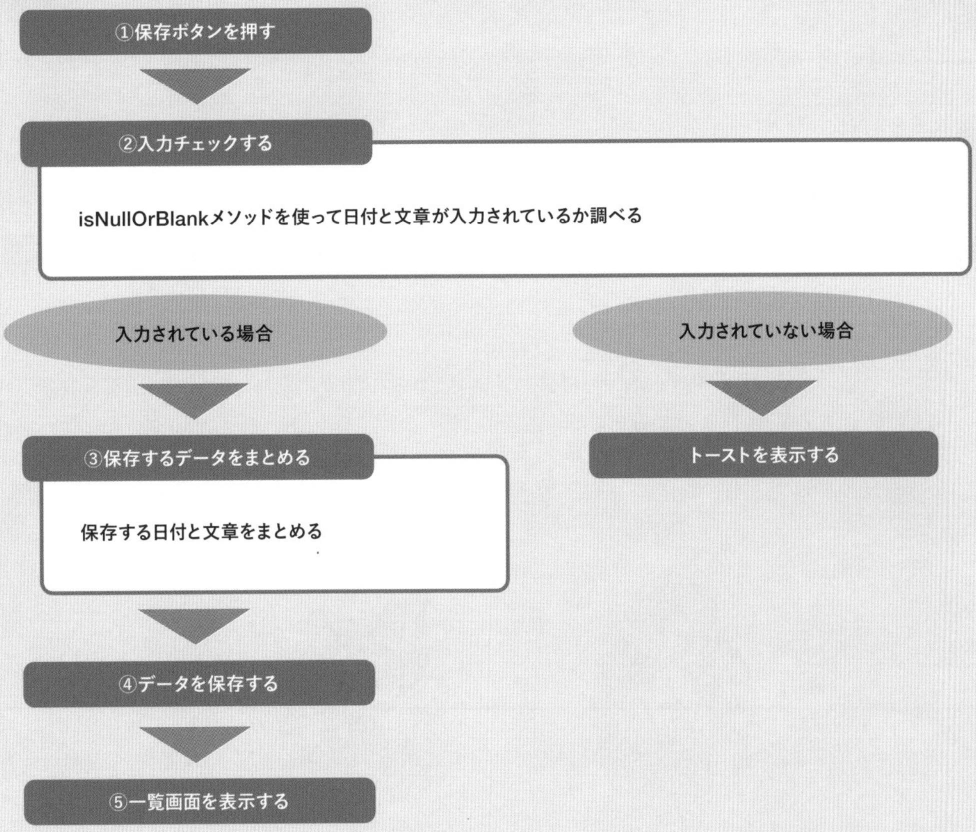

①保存ボタンを押す

②入力チェックする
isNullOrBlankメソッドを使って日付と文章が入力されているか調べる

入力されている場合　　　　　　　入力されていない場合

③保存するデータをまとめる
保存する日付と文章をまとめる

トーストを表示する

④データを保存する

⑤一覧画面を表示する

アプリを実行してみよう

ここでアプリを実行して、新しい日記を保存してみましょう。

図 6-5-8 新しい日記が保存される

1 文章を作成して「保存」を押すと…

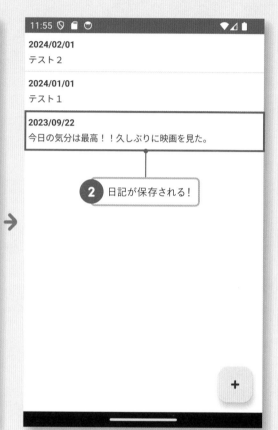

2 日記が保存される！

これで日記の保存機能は完成だ！

次は別の機能を作っていくぞ

SECTION 6-6 | 日記の更新・削除機能を作ろう

6-6-1 日記データの受け渡し

1 日付と文章を編集画面に渡す

　保存した日記を編集するために、まずはリサイクラービューでタップした日記の日付と文章を編集画面に渡しましょう。ここでも何度も登場している**インテント**（152 ページ）を使います。リサイクラービューに表示する項目を管理しているのは「**MyListAdapter**」クラスです。MyListAdapter.kt を開いて、次のようにコードを追加・変更します。

Code 6-6-1 MyListAdapter.kt

```
22    override fun onBindViewHolder(holder: MyViewHolder, position: Int) {
23        val date = data[position]["date"]          日付と文章を変数に入れる
24        val text = data[position]["text"]
25
26        holder.itemDate.text = date                 テキストビューに日付と文章を表示する
27        holder.itemText.text = text
28
29        holder.itemView.setOnClickListener {        クリックリスナーを設定する
30            it.context.startActivity(
31                Intent(it.context, EditActivity::class.java).apply {
32                    putExtra("DIARY_DATE", date)      編集画面に日付
33                    putExtra("DIARY_TEXT", text)      と文章を渡す
34                }
35            )
36        }
37    }
```

211

2　日付と文章を編集画面で受け取る

EditActivity.kt でデータを受け取ります。

Code **6-6-2** EditActivity.kt

```
18      override fun onCreate(savedInstanceState: Bundle?) {

21          setContentView(binding.root)
22
23          intent?.extras?.let {
24              binding.diaryDate.setText(it.getString("DIARY_DATE"))
25              binding.diaryText.setText(it.getString("DIARY_TEXT"))
26          }
27
28          dbHelper = DatabaseHelper(this@EditActivity)
```

データを受け取る

　インテントで値が渡されたときだけ日付と文章がセットされるので、新しく保存する場合は空白になります。

図 6-6-1　画面表示が変わる

新しく保存する場合

空欄になっている

編集する場合

保存されていた内容が反映されている

6-6-2 日記を更新できるようにしよう

編集して更新する場合も、新規保存と同じように「保存」ボタンで行います。次のようにコードを書き換えます。

Code **6-6-3** EditActivity.kt

```
37          dbHelper.writableDatabase.use { db ->
38              val values = ContentValues().apply {
39                  put("diary_date", binding.diaryDate.text.toString())
40                  put("diary_text", binding.diaryText.text.toString())
41              }
                db.insert("items", null, values) ●──── 削除
42              db.insertWithOnConflict("items", null, values, SQLiteDatabase. ⏎
   CONFLICT_REPLACE)
43              startActivity(Intent(this@EditActivity, MainActivity::class.java))
44          }
```

Code **42行目** **データを更新する**

diary_date カラムには同じ日付が保存できないようにプライマリーキーを指定しましたね（195ページ）。そのため、文章を変更して insert メソッドを実行しても「日付の重複」と判断されてデータの更新は行われません。insert メソッドの代わりに「**insertWithOnConflict**」メソッドを使って「**日付が重複していたら置き換える**」という方法に変更します。

insertWithOnConflict メソッドでは第4引数が追加されます。ここにはコンフリクト（重複）が発生したらどうするかを指定します。**CONFLICT_REPLACE** は「重複していたら置き換える」という設定なので、日付が重複していてもテキストを更新できるようになります。

図 6-6-2 重複のイメージ

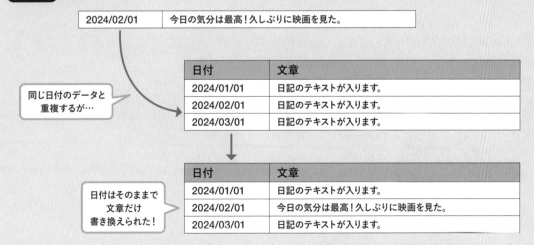

| 2024/02/01 | 今日の気分は最高！久しぶりに映画を見た。 |

同じ日付のデータと重複するが…

日付	文章
2024/01/01	日記のテキストが入ります。
2024/02/01	日記のテキストが入ります。
2024/03/01	日記のテキストが入ります。

日付はそのままで文章だけ書き換えられた！

日付	文章
2024/01/01	日記のテキストが入ります。
2024/02/01	今日の気分は最高！久しぶりに映画を見た。
2024/03/01	日記のテキストが入ります。

6-6-3 アプリの実行

アプリを実行してデータを更新してみましょう。

図 6-6-3 日記が更新される

日記の文章を間違えちゃっても安心だね

6-6-4 日記を削除できるようにしよう

最後は日記の削除です。次のようにコードを追加します。

Code **6-6-4** EditActivity.kt

```
31        binding.btnSave.setOnClickListener {
```
〜〜
```
45        }
46
47        binding.btnDelete.setOnClickListener {          ← 削除ボタン
48            if (binding.diaryDate.text.isNullOrBlank() ) {
49                Toast.makeText(this, " 日付が選択されていません。", ↵
    Toast.LENGTH_SHORT).show()                              入力チェック
50                return@setOnClickListener
51            }
52
53            dbHelper.writableDatabase.use { db ->
54                val params = arrayOf(binding.diaryDate.text.toString())
55                db.delete("items", "diary_date = ?", params)
56                startActivity(Intent(this@EditActivity, MainActivity::class.java))
57            }                                             データを削除する
58        }
59
60        binding.diaryDate.setOnClickListener {
```

Code 48〜51行目 **日付の入力チェックをする**

日付を使ってデータを削除するので、日付が選択されているかチェックを入れています。日付が選択されていなかった場合、トーストでメッセージを表示して処理を停止します。

Code 55行目 **データを削除する**

データの削除には「**delete**」メソッドを使います。delete メソッドは次のように記述します。

```
1   delete( テーブル名 , 削除する条件 , 条件に使う値 )
```

2つ目の引数は、削除する条件を「**カラム名 = ?**」とプレースホルダー（？）を使って書きます。

このアプリでは「diary_date = ?」としているので「diary_date カラムの値が？のデータを削除する」という条件になります。この「？」に渡す値が3つ目の引数で、ここでは params という名前で用意しました。

6-6-5 アプリを実行してみよう

アプリを実行したら、項目をタップして「削除」ボタンを押してみましょう。

図 6-6-4 日記が削除される

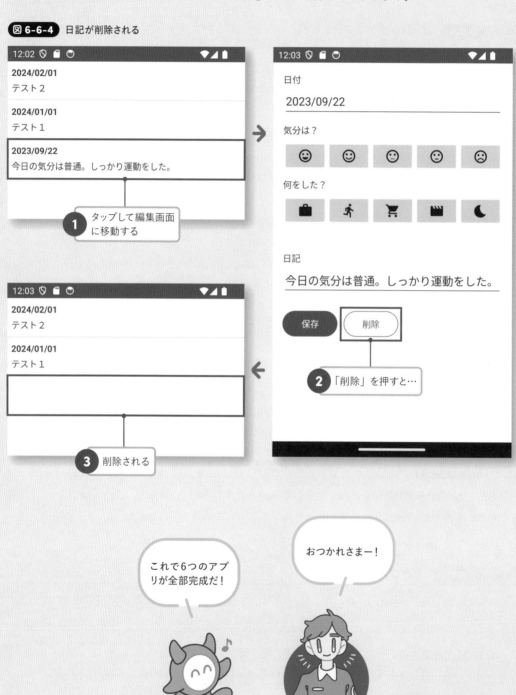

これで6つのアプリが全部完成だ！

おつかれさまー！

付録 1

実機でアプリを
動かそう！

付録①では、エミュレータではなくスマートフォン（実機）でアプリを実行する方法を紹介します。おおまかに「**開発者向けオプションを有効にする→実機を接続する**」という手順で進めます。接続方法がいくつかあるので、環境にあわせて選んでください。

図 A-1-1 おおまかな作業の流れ

手順1   開発者向けオプションを有効にする

図 A-1-2 「設定」画面

🔒 **セキュリティ**
セキュリティ解除方法、指紋

◎ **プライバシー**
権限、アカウント アクティビティ、個人データ

◉ **位置情報**
OFF

✴ **緊急情報と緊急通報**
緊急 SOS、医療情報、アラート

★ **arrowsオススメ機能**

📇 **パスワードとアカウント**
保存されているパスワード、自動入力、同期されているアカウント

G **Google**
サービスと設定

ⓘ **システム**
言語、動作、時間、バックアップ

📱 **デバイス情報**
FCG01

「デバイス情報」をタップ

まずは、スマートフォン側で「**開発者向けオプション**」を有効にします。「**設定**」にある「**デバイス情報**」を開きます。

「**ビルド番号**」を7回タップすると「**開発者向けオプションが有効になりました**」というメッセージが表示されます。

図 A-1-3 「ビルド番号」を7回タップする

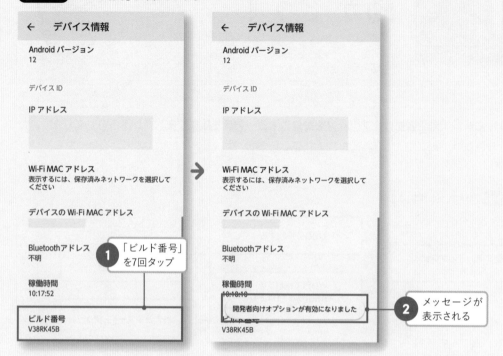

「**設定**」画面に戻って「**システム**」を開きます。

図 A-1-4 「システム」を開く

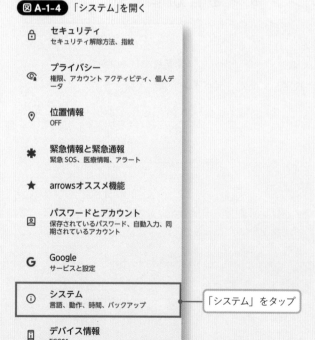

「**開発者向けオプション**」という項目が追加されていれば準備完了です。

図 A-1-5　「開発者向けオプション」が追加される

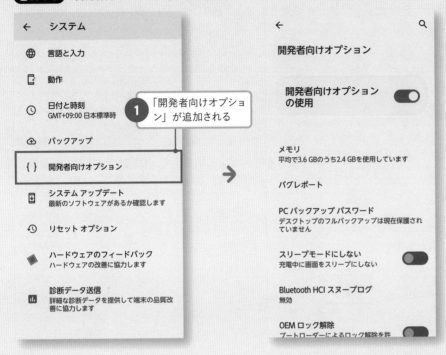

手順2　Android Studioと実機を接続する

　次に Android Studio とスマートフォンを接続します。「**USB**」または「**Wi-Fi**（Android11 以上）」を使って接続できます。

1　USBで接続する

図 A-1-6　「USBデバッグ」を有効にする

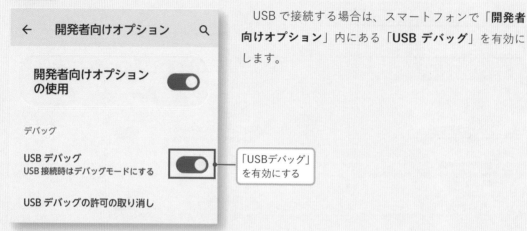

　USB で接続する場合は、スマートフォンで「**開発者向けオプション**」内にある「**USB デバッグ**」を有効にします。

「USBデバッグ」
を有効にする

図 A-1-7　確認メッセージ

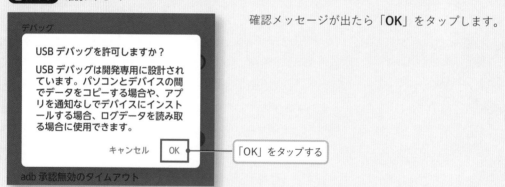

　確認メッセージが出たら「**OK**」をタップします。

「OK」をタップする

図 A-1-8 許可の確認をする

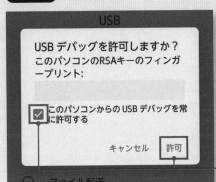

常に許可する場合は、チェックボックスにチェックを入れて「**許可**」をタップして完了です。

チェックを入れて
「許可」をタップする

2 Wi-Fiで接続する（QRコードを使う場合）

図 A-1-9 「ワイヤレスデバッグ」を有効にする

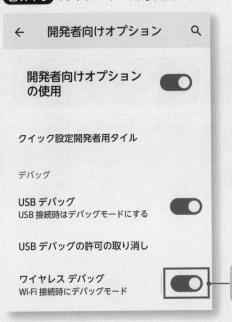

Wi-Fi で接続する場合は、まずスマートフォン側で「**開発者向けオプション**」内にある「**ワイヤレスデバッグ**」を有効にします。

「ワイヤレスデバッグ」を有効にする

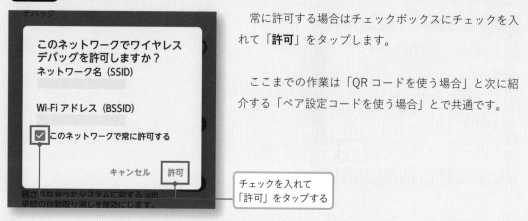

図 A-1-10 許可の確認をする

常に許可する場合はチェックボックスにチェックを入れて「**許可**」をタップします。

ここまでの作業は「QRコードを使う場合」と次に紹介する「ペア設定コードを使う場合」とで共通です。

チェックを入れて
「許可」をタップする

続いて、Android Studio の「**Device Manager**」を開き、「**Physical**」タブにある「**Pair using Wi-Fi**」をクリックします。

図 A-1-11 Android Studioの「Device Manager」

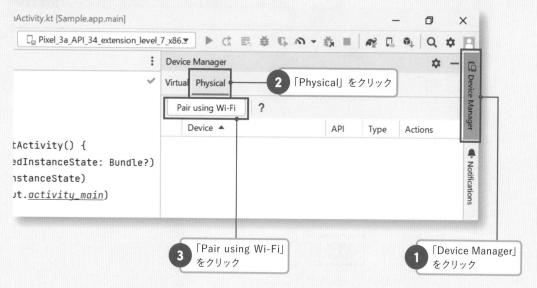

すると QR コードが表示されます。

図 A-1-12 QRコード

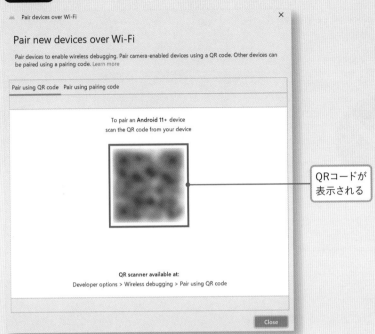

QRコードが
表示される

図 A-1-13 QRコードを読み込む

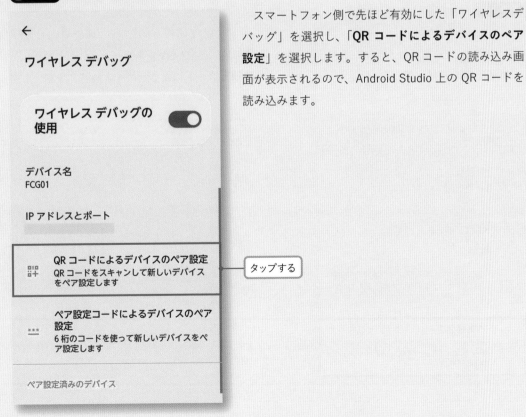

タップする

スマートフォン側で先ほど有効にした「ワイヤレスデ
バッグ」を選択し、「**QR コードによるデバイスのペア
設定**」を選択します。すると、QR コードの読み込み画
面が表示されるので、Android Studio 上の QR コードを
読み込みます。

付録

1

223

図 A-1-14 接続が完了する

接続できると左のような画面が表示されます。この接続がうまくいかなかった場合は、次に紹介するペア設定コードを使う場合の手順を試してみてください。

2 Wi-Fiで接続する（ペア設定コードを使う場合）

図 A-1-15 開発者向けオプションの画面

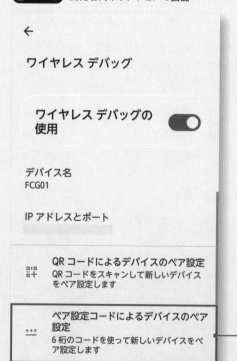

QR コードを使う場合と同じく、「**開発者向けオプション**」内にある「**ワイヤレスデバッグ**」を有効にしたら、「**ペア設定コードによるデバイスのペア設定**」を開きます。

タップする

図 A-1-16 6桁の数字

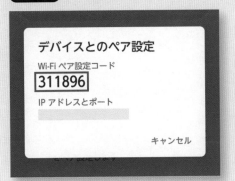

ここで表示される **6 桁の数字**を使います。

QR コードを表示していた画面から「**Pair using paring code**」タブを開いて「**Pair**」をクリックします。

図 A-1-17 「Pair using paring code」タブを開く

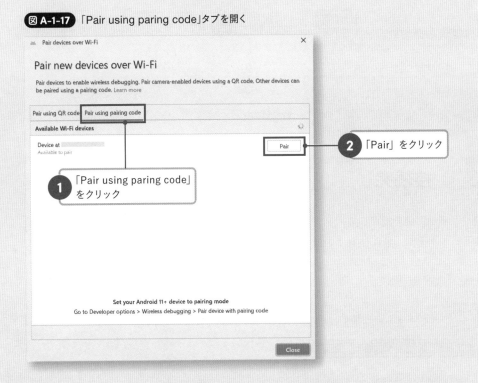

先ほど表示された **6桁の数字**を入力して「**Pair**」をクリックします。

図 A-1-18 6桁の数字を入力する

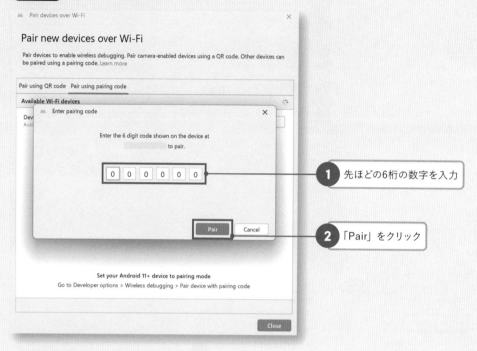

1 先ほどの6桁の数字を入力

2 「Pair」をクリック

手順3　接続完了

　正しく接続されると実機を指定してアプリを実行できるようになります。実機でアプリを実行する場合は、エミュレータを使う場合と同じく Android Studio 上で「▶」ボタンをクリックします。

図 A-1-19 実機を選べるようになる

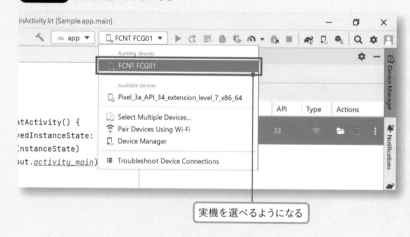

実機を選べるようになる

付録

2

エミュレータの
作成方法

エミュレータは何種類でも用意することができます。新しくエミュレータを追加してみましょう。

1 デバイスを選ぶ

「**Device Manager**」を開いて「**Create Device**」をクリックします。

図 A-2-1 「Create Device」をクリックする

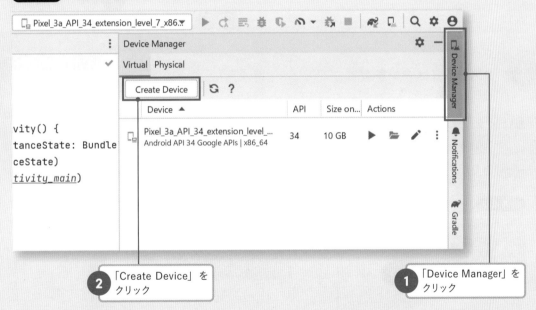

2 「Create Device」を
クリック

1 「Device Manager」を
クリック

　表示される左側の「**Category**」が「**Phone**」になっていることを確認して、デバイス（機種）を選びます。「**Play Store**」にマークが入っているものは Google Play Store を使うことができます。
　ここでは「**Nexus 4**」を選択して「**Next**」をクリックします。

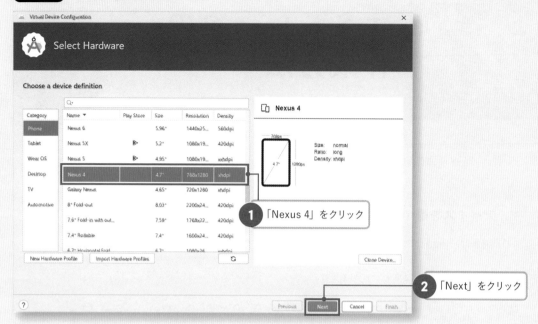

2 システムイメージを選ぶ

次にシステムイメージ（画像）を選択します。たくさんの種類がありますが、「**Recommended**（推奨）」タブ内から選ぶことで、高速で安定したエミュレータを用意できます。

ここでは既にダウンロードされている「**API 34**」を選択して「**Next**」をクリックします。ダウンロードされていない場合や、ほかのバージョンを使う場合はダウンロードしてください。

図 A-2-3 システムイメージを選択する

3 エミュレータを設定する

エミュレータの設定を行います。ここでの設定はあとで変更可能です。

図 A-2-4 エミュレータの設定をする

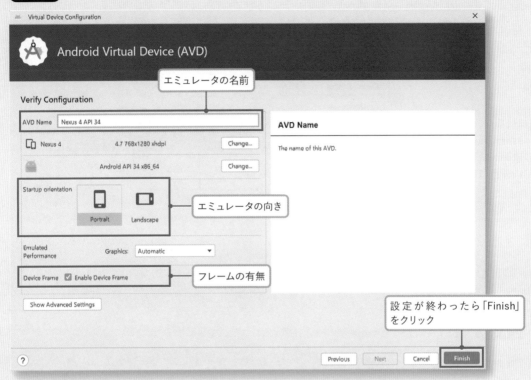

「**AVD Name**」では、エミュレータの名前を決めることができます。

「**Startup orientation**」では、エミュレータ起動時の画面の向きを指定できます。

「**Device Frame**」はスマートフォンの枠をつけるかどうかを選択します。「**Enable Device Frame**」にチェックを入れるとフレームがつき、チェックを外すとフレームがなくなります。

図 A-2-5 フレームの有無の違い

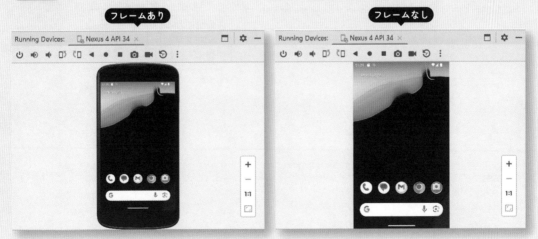

229

4 エミュレータが追加される

エミュレータが作成されると「Device Manager」に追加されます。

図 A-2-6 作成したエミュレータが追加される

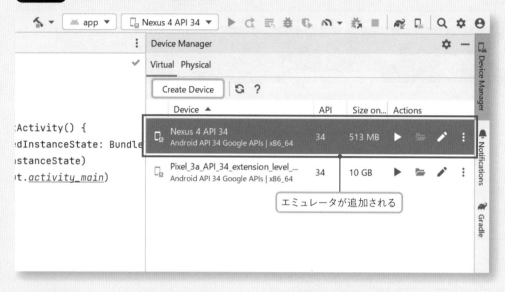

右端のボタンをクリックするとエミュレータの編集や複製、削除ができます。

図 A-2-7 エミュレータのその他の操作

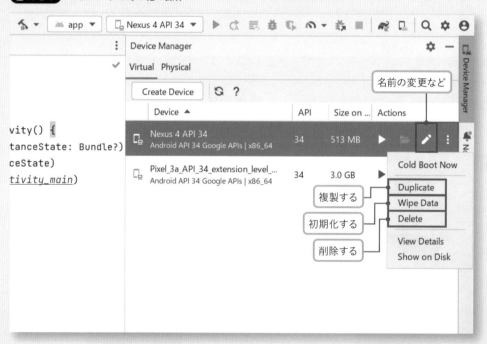

3 プレビュー画面を見やすくする設定

ここでは activity_main.xml の右側に表示されるプレビュー画面が実際のアプリ画面に近くなるように変更する方法を紹介します。

手順1　プレビュー画面の表示形式を変更する

プレビュー画面内にある「**青い正方形が重なったようなアイコン**」をクリックして「**Design**」を選択します。

図 A-3-1 「Design」を選択する

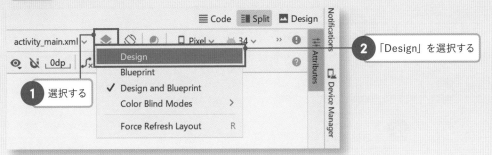

手順2　プレビュー画面をアプリの見た目に近づける

「**目のようなアイコン**」をクリックして「**Show System UI**」を選択します。

図 A-3-2 「Show System UI」を選択する

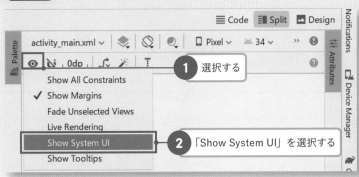

「**Pixel**」をクリックするとタブレットやエミュレータのサイズに切り替えることができます。使用するエミュレータに合わせておくのがオススメです。プレビュー画面は右下の「＋」「−」ボタンで拡大・縮小できます。

図 A-3-3 エミュレータに合わせて表示を変更する

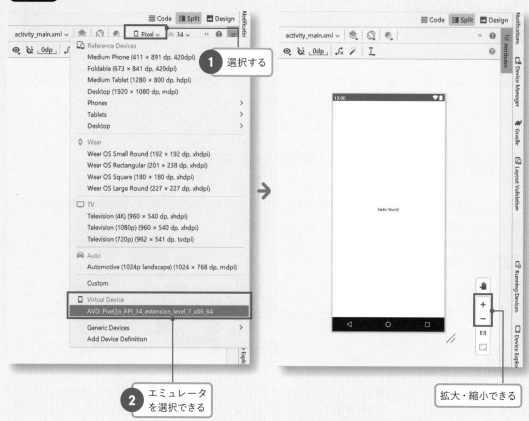

INDEX

● 著者プロフィール

Sara（サラ）

フリーランスプログラマー
「Code for Fun」運営・講師
独学してフリーランス独立後、ウェブサイト・オンライン講座「Code for Fun」を
立ち上げる。「わかりやすく・シンプル」をモットーに、プログラミングの基礎か
らアプリ開発までを初心者向けに紹介している。独学でプログラミングを勉強し
ている人や、基礎を勉強したあとに何をすればいいかわからない人に向けて、役
に立つコンテンツ作成を心がけている。
【本書の最新情報や補足説明をウェブサイトで公開しています】
https://codeforfun.jp/book/

装丁・本文デザイン：クオルデザイン（坂本真一郎）
イラスト：みずの紘
DTP：BUCH⁺

レビューにご協力いただいた皆様（五十音順）：
有馬義貴さん
瀧川まさみさん
吉田泰子さん

写真素材提供：
Pixabay（https://pixabay.com/ja/）
Unsplash（https://unsplash.com）
Pexels（https://www.pexels.com）

いきなりプログラミング
Android アプリ開発

2023年9月22日 初版第1刷発行

著　　　者	Sara
発　行　人	佐々木 幹夫
発　行　所	株式会社 翔泳社（https://www.shoeisha.co.jp）
印刷・製本	株式会社シナノ

©2023 Sara

ISBN978-4-7981-7899-8
Printed in Japan